2024 中国生态环境统计年报

ANNUAL STATISTIC REPORT ON ECOLOGY AND ENVIRONMENT IN CHINA

中华人民共和国生态环境部　编
MINISTRY OF ECOLOGY AND ENVIRONMENT OF THE PEOPLE'S REPUBLIC OF CHINA

中国环境出版集团・北京

图书在版编目（CIP）数据

中国生态环境统计年报. 2024 / 中华人民共和国生态环境部编. -- 北京 : 中国环境出版集团, 2025. 12.
ISBN 978-7-5111-6454-4

Ⅰ. X508.2-54

中国国家版本馆 CIP 数据核字第 2025B0S778 号

责任编辑 殷玉婷
封面设计 彭 杉

出版发行 中国环境出版集团
（100062 北京市东城区广渠门内大街 16 号）
网　　址：http://www.cesp.com.cn
电子邮箱：bjgl@cesp.com.cn
联系电话：010-67112765（编辑管理部）
发行热线：010-67125803，010-67113405（传真）
印　　刷 北京中科印刷有限公司
经　　销 各地新华书店
版　　次 2025 年 12 月第 1 版
印　　次 2025 年 12 月第 1 次印刷
开　　本 880×1230 1/16
印　　张 10.25
字　　数 207 千字
定　　价 150.00 元

编 委 会

《中国生态环境统计年报 2024》

各章主要编写作者

综　述	吕　卓
1 调查对象	王　鑫
2 废水污染物	吕　卓
3 废气污染物	杜谨宏
4 工业固体废物、危险废物和化学物质环境信息	董　鑫
5 污染治理设施	赵银慧
6 环境污染治理投资	李　曼
7 辐射环境水平	张　瑜
8 全国碳市场建设运行	朱　磊
9 各地区污染排放及治理统计	吕　卓
10 各工业行业污染排放及治理统计	李　曼
11 重点城市废气污染排放及治理统计	杜谨宏
12 重点流域工业废水污染排放及治理统计	王　鑫
13 各地区生态环境管理情况	赵文江
14 主要统计指标解释	吕　卓

编者说明

一、本年报资料覆盖全国31个省（自治区、直辖市）和新疆生产建设兵团数据，未包括香港特别行政区、澳门特别行政区以及台湾省数据。

二、本年报主要反映全国污染物排放及治理、生态环境管理等情况。主要内容包括调查对象基本情况、废水污染物排放情况、废气污染物排放情况、工业固体废物和危险废物产生及处理情况、化学物质环境信息统计调查情况、污染治理设施运行情况、环境污染治理投资情况、辐射环境水平和全国碳市场建设运行情况等。

全国污染物排放及治理数据为31个省（自治区、直辖市）和新疆生产建设兵团的汇总数据（其中，新疆生产建设兵团数据汇总入新疆维吾尔自治区）；化学物质环境信息、辐射环境水平、全国碳市场建设运行、生态环境管理等内容由生态环境部相关职能部门提供。

三、调查范围和对象

1. 本年报所用排放源统计数据为《排放源统计调查制度》（国统制〔2024〕11号）调查数据，其调查范围为各省（自治区、直辖市）辖区内参与统计调查的有污染物产生或排放的工业污染源（以下简称工业源）、农业污染源（以下简称农业源）、生活污染源（以下简称生活源）、集中式污染治理设施和移动源。自2021年度起，排放源统计数据依据《排放源统计调查产排污核算方法和系数手册》（生态环境部公告2021年第24号）进行核算。自2020年度起，挥发性有机物排放量为部分行业和领域的尝试性调查结果。

工业源调查对象为《国民经济行业分类》（GB/T 4754—2017）中采矿业，制造业，电力、热力、燃气及水生产和供应业3个门类中纳入调查的工业企业（不含军队企业），根据工业源重点调查单位筛选原则确定重点调查单位。工业源废水和废气污染物排放情况、一般工业固体废物及工业危险废物产生及利用情况仅包含重点调查单位。

农业源调查对象为省级负责种植业、畜禽养殖业和水产养殖业排放源统计工作的部门，其中，畜禽养殖业包括生猪、奶牛、肉牛、蛋鸡、肉鸡五类畜种的规模化畜禽养殖场及规模以下养殖户。

生活源调查对象为地市级及省直管县级负责城乡居民生活及第三产业排放源统计工作的部门，其中，生活源废气污染还包括工业源非重点调查单位废气排放情况。

集中式污染治理设施调查对象为污水处理厂、生活垃圾处理场（厂）、危险废物（医疗废物）集中处理厂。

移动源调查对象为省级负责机动车、非道路移动机械（工程机械）、沥青道路铺装排放源统计工作的部门以及对外营业的储油库。

2. 本年报所用生态环境管理数据由生态环境部相关职能部门提供，主要包括生态环境信访、清洁生产审核、生态环境监测、环境影响评价、生态环境执法、环境应急等内容。

四、本年报中，部分数据合计数或占比数由于小数位取舍不同而产生的计算误差，均未做机械调整。

目　录

II

Ⅳ

综　述

2024年，全国生态环境系统坚持以习近平新时代中国特色社会主义思想为指导，全面贯彻党的二十大和二十届二中、三中全会精神，深入贯彻习近平生态文明思想，认真落实全国生态环境保护大会要求，以美丽中国建设为统领，持续攻坚克难、改革创新，扎实有力推进污染防治攻坚战，生态环境保护年度各项目标任务圆满完成，生态环境质量持续改善。

2024年，开展排放源统计重点调查的工业企业共178233家，污水处理厂15259家（含日处理能力500吨以上的农村污水处理设施），生活垃圾处理场（厂）2942家（含餐厨垃圾集中处理厂），危险废物（医疗废物）集中处理厂2822家，储油库1223个。

2024年，排放源统计调查范围内废水中化学需氧量排放量为2799.9万吨，其中，工业源废水中化学需氧量排放量为30.8万吨，农业源化学需氧量排放量为1889.6万吨，生活源污水中化学需氧量排放量为879.0万吨，集中式污染治理设施（不含污水处理厂）废水（含渗滤液）中化学需氧量排放量为0.5万吨；氨氮排放量为105.9万吨，其中，工业源废水中氨氮排放量为1.0万吨，农业源氨氮排放量为29.3万吨，生活源污水中氨氮排放量为75.5万吨，集中式污染治理设施（不含污水处理厂）废水（含渗滤液）中氨氮排放量为0.1万吨。

2024年，排放源统计调查范围内废气中二氧化硫排放量为222.3万吨，其中，工业源废气中二氧化硫排放量为169.1万吨，生活源废气中二氧化硫排放量为53.0万吨，集中式污染治理设施废气中二氧化硫排放量为0.2万吨；氮氧化物排放量为886.6万吨，其中，工业源废气中氮氧化物排放量为309.6万吨，生活源废气中氮氧化物排放量为33.3万吨，移动源废气中氮氧化物排放量为542.9万吨，集中式污染治理设施废气中氮氧化物排放量为0.9万吨；颗粒物排放量为469.8万吨，其中，工业源废气中颗粒物排放量为290.0万吨，生活源废气中颗粒物排放量为168.8万吨，移动源废气中颗粒物排放量为11.0万吨，集中式污染治理设施废气中颗粒物排放量为0.05万吨；挥发性有机物排放量为658.4万吨，其中，工业源废气中挥发性有机物排放量为222.4万吨，生活源废气中挥发性有机物排放量为181.8万吨，移动源废气中挥发性有机物排放量为254.1万吨。

2024年，排放源统计调查范围内一般工业固体废物产生量为44.0亿吨，综合利用量为26.5亿吨，处置量为8.0亿吨；工业危险废物产生量为1.20亿吨，利用处置量为1.18亿吨。

1

调查对象

1.1 调查对象总体情况

按照《排放源统计调查制度》（国统制〔2024〕11 号），工业源对重点调查单位逐家调查，农业源对省级行政单位整体调查，生活源对地级等行政单位整体调查，集中式污染治理设施逐家调查，移动源对储油库逐家调查、机动车对地级等行政单位整体调查、非道路移动机械（工程机械）和沥青道路铺装对省级行政单位整体调查。

2024 年，工业源、集中式污染治理设施、储油库重点调查单位共 200479 家，其中，工业企业 178233 家，污水处理厂 15259 家（含日处理能力 500 吨以上的农村污水处理设施，下同），生活垃圾处理场（厂）2942 家（含餐厨垃圾集中处理厂，下同），危险废物（医疗废物）集中处理厂 2822 家，储油库 1223 个。重点调查单位数量排名前五的地区依次为广东、江苏、浙江、山东和河北，5 个地区重点调查单位数量合计为 86316 家，占全国重点调查单位数的 43.1%。2024 年各地区重点调查单位数量分布情况见图 1-1。

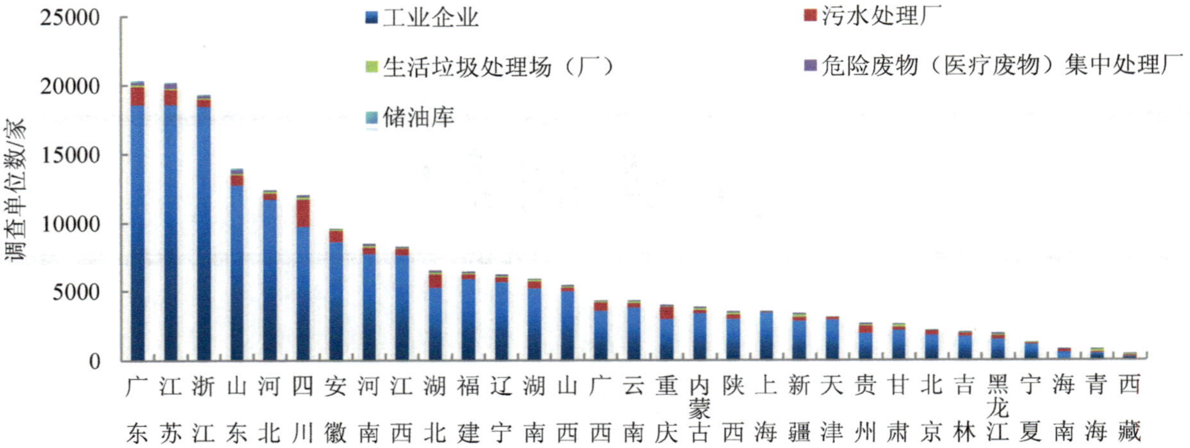

图 1-1　2024 年各地区重点调查单位数量分布情况

1.2 工业源调查基本情况

2024 年，全国重点调查工业企业共 178233 家，其中，涉水企业（有任意一项废水污染物产生或者排放的企业，下同）83367 家，涉气企业（有任意一项废气污染物产生或者排放的企业，下同）156068 家，有一般工业固体废物产生的企业 121972 家，有工业危险废物产生的企业 109735 家。

重点调查工业企业数量排名前五的地区依次为江苏、广东、浙江、山东和河北，5 个地区重点调查工业企业数合计为 79996 家，占全国重点调查工业企业数的 44.9%。2024 年各地区重点调查工业企业数量分布情况见图 1-2。

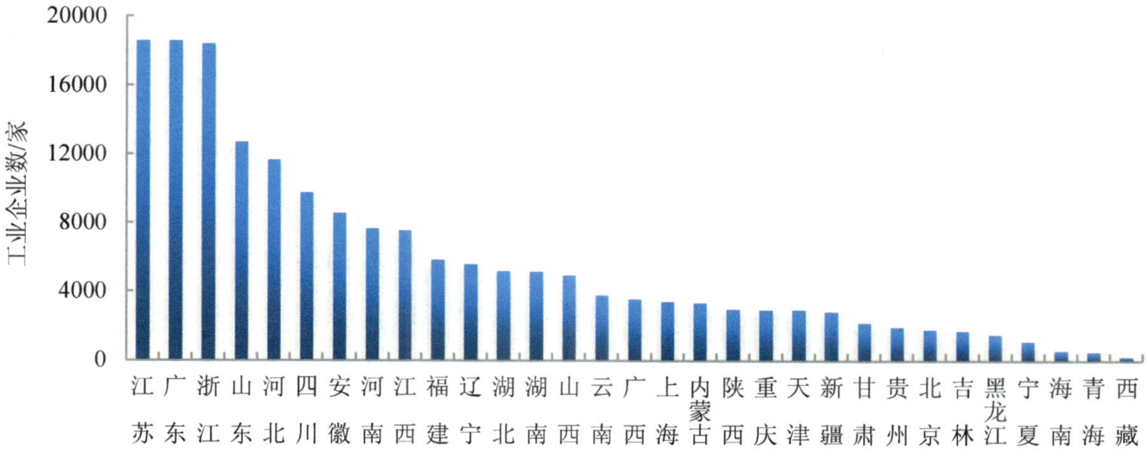

图 1-2　2024 年各地区重点调查工业企业数量分布情况

1.3　农业源调查基本情况

2024 年，对全国 31 个省（自治区、直辖市）和新疆生产建设兵团开展了农业源统计调查。

1.4　生活源调查基本情况

2024 年，对全国 31 个省（自治区、直辖市）和新疆生产建设兵团的 383 个行政单位开展了生活源统计调查。

1.5 集中式污染治理设施调查基本情况①

2024 年，全国共调查了 15259 家污水处理厂，2942 家生活垃圾处理场（厂），2822 家危险废物（医疗废物）集中处理厂。集中式污染治理设施调查数量排名前五的地区依次为四川、广东、江苏、湖北和山东，5 个地区合计为 7853 家，占全国调查集中式污染治理设施数量的 37.4%。2024 年各地区调查集中式污染治理设施数量分布情况见图 1-3。

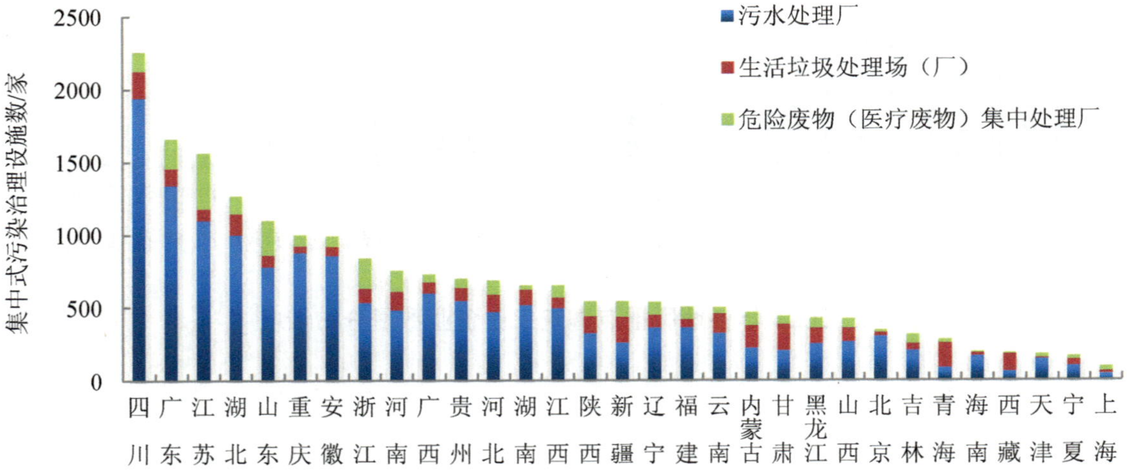

图 1-3 2024 年各地区调查集中式污染治理设施数量分布情况

1.6 移动源调查基本情况

2024 年，对全国 31 个省（自治区、直辖市）和新疆生产建设兵团的 364 个行政单位开展了移动源统计调查。

全国共调查了 1223 个储油库，储油库数量排名前五的地区依次为山东、广东、浙江、江苏和辽宁，5 个地区储油库数合计为 486 个，占全国调查储油库数的 39.7%。2024 年各地区调查储油库数量分布情况见图 1-4。

① 从 2020 年起，垃圾焚烧发电厂和水泥窑协同处置垃圾的企业全部纳入工业源统计调查，不再纳入集中式污染治理设施统计调查，下同。

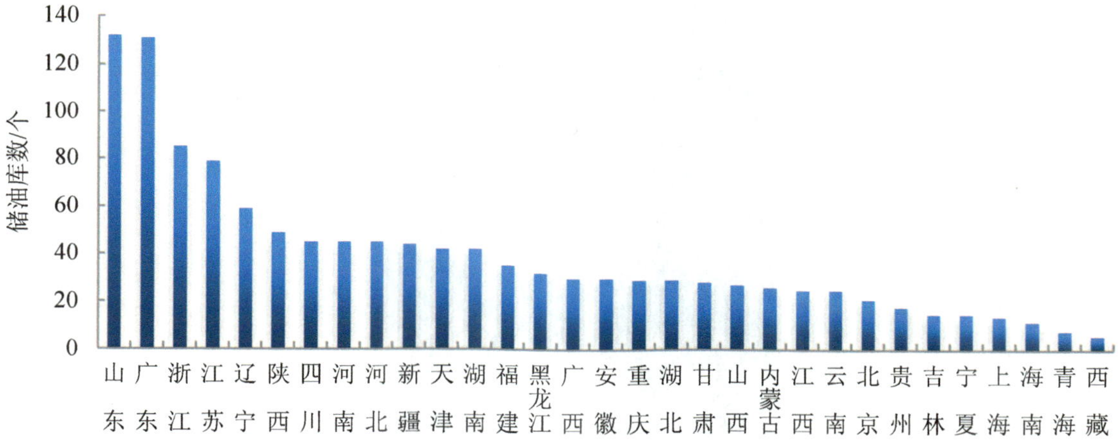

图 1-4　2024 年各地区调查储油库数量分布情况

2

废水污染物

2.1 化学需氧量排放情况

根据《排放源统计调查制度》（国统制〔2024〕11 号），化学需氧量排放量统计调查范围包括工业源、农业源、生活源和集中式污染治理设施四类排放源。

工业源化学需氧量统计调查范围包括《国民经济行业分类》（GB/T 4754—2017）中采矿业，制造业，电力、热力、燃气及水生产和供应业 3 个门类的工业重点调查单位。

农业源化学需氧量统计调查范围包括畜禽养殖业和水产养殖业。畜禽养殖业统计范围包括生猪、奶牛、肉牛、蛋鸡、肉鸡五类畜禽的规模化养殖场及规模以下养殖户，水产养殖业统计范围包括人工淡水养殖和人工海水养殖。

生活源化学需氧量统计调查范围包括第三产业和居民生活（城镇和农村）。

集中式污染治理设施化学需氧量统计调查范围包括生活垃圾处理场（厂）和危险废物（医疗废物）集中处理厂。

2.1.1 全国及分源排放情况

2024 年，在《排放源统计调查制度》确定的统计调查范围内，全国化学需氧量排放量为 2799.9 万吨。其中，工业源废水中化学需氧量排放量为 30.8 万吨，占 1.1%；农业源化学需氧量排放量为 1889.6 万吨，占 67.5%；生活源污水中化学需氧量排放量为 879.0 万吨，占 31.4%；集中式污染治理设施废水（含渗滤液）中化学需氧量排放量为 0.5 万吨，占 0.02%。2024 年全国及分源化学需氧量排放情况见表 2-1。

表 2-1 2024 年全国及分源化学需氧量排放情况

项目	合计	工业源	农业源	生活源	集中式污染治理设施
排放量/万吨	2799.9	30.8	1889.6	879.0	0.5
占比/%	—	1.1	67.5	31.4	0.02

注：①集中式污染治理设施废水（含渗滤液）中污染物排放量指生活垃圾处理场（厂）和危险废物（医疗废物）集中处理厂废水（含渗滤液）中污染物的排放量，下同。

②本年报表中，“—”表示无此项指标或不宜计算，“…”表示由于数字太小，修约后小于保留的最小位数无法显示，下同。

③本年报中，部分数据合计数或占比数由于小数位取舍不同而产生的计算误差，均未做机械调整，下同。

2.1.2 各地区及分源排放情况

2024 年，化学需氧量排放量排名前五的地区依次为湖南、广东、河南、山东和河北，排放量合计为 821.7 万吨，占全国化学需氧量排放量的 29.3%。2024 年各地区化学需氧量排放情况见图 2-1。

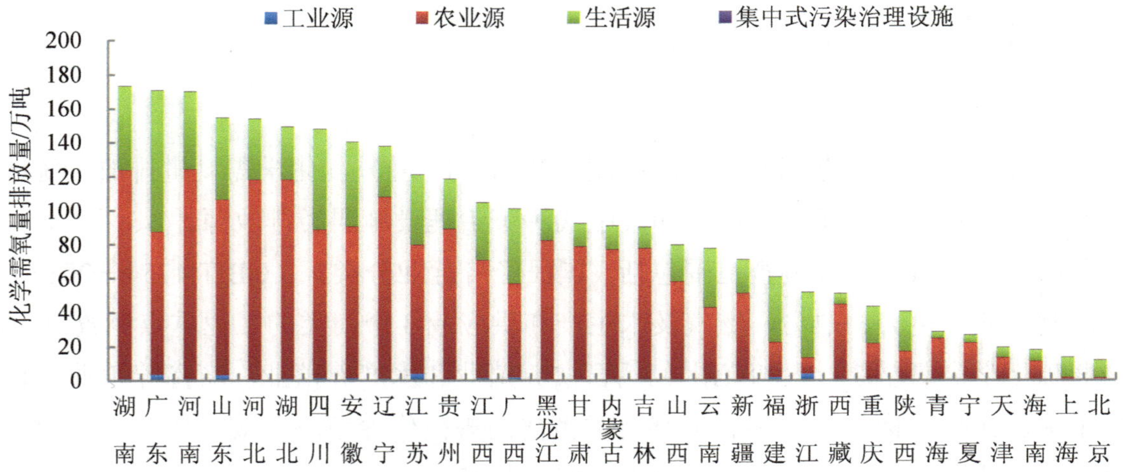

图 2-1　2024 年各地区化学需氧量排放情况

2.1.3　各工业行业排放情况

2024 年，在统计调查的 42 个工业行业中，化学需氧量排放量排名前五的行业依次为纺织业，造纸和纸制品业，化学原料和化学制品制造业，农副食品加工业，计算机、通信和其他电子设备制造业。5 个行业的排放量合计为 19.1 万吨，占全国工业源化学需氧量排放量的 62.2%。2024 年各工业行业化学需氧量排放情况见图 2-2。

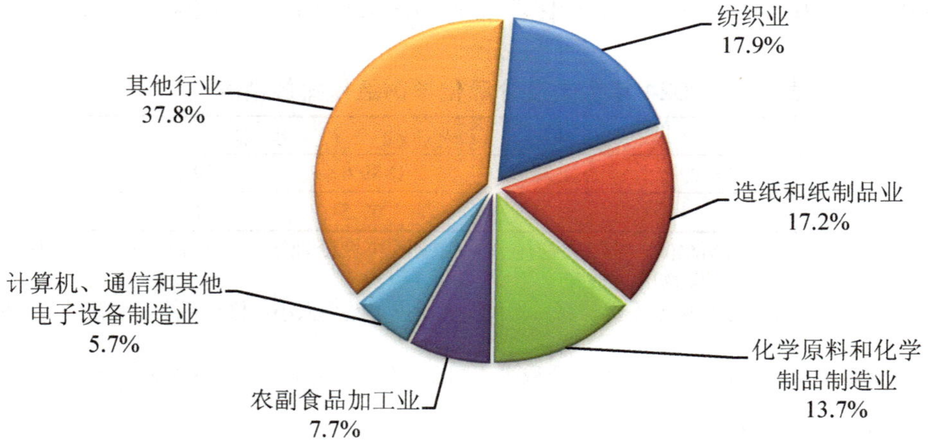

图 2-2　2024 年各工业行业化学需氧量排放情况

2.2 氨氮排放情况

根据《排放源统计调查制度》（国统制〔2024〕11 号），氨氮排放量统计调查范围包括工业源、农业源、生活源和集中式污染治理设施四类排放源。

工业源氨氮统计调查范围包括《国民经济行业分类》（GB/T 4754—2017）中采矿业，制造业，电力、热力、燃气及水生产和供应业 3 个门类的工业重点调查单位。

农业源氨氮统计调查范围包括种植业、畜禽养殖业和水产养殖业。种植业统计范围包括农作物种植和园地种植，畜禽养殖业统计范围包括生猪、奶牛、肉牛、蛋鸡、肉鸡五类畜禽的规模化养殖场及规模以下养殖户，水产养殖业统计范围包括人工淡水养殖和人工海水养殖。

生活源氨氮统计调查范围包括第三产业和居民生活（城镇和农村）。

集中式污染治理设施氨氮统计调查范围包括生活垃圾处理场（厂）和危险废物（医疗废物）集中处理厂。

2.2.1 全国及分源排放情况

2024 年，在《排放源统计调查制度》确定的统计调查范围内，全国氨氮排放量为 105.9 万吨。其中，工业源废水中氨氮排放量为 1.0 万吨，占 1.0%；农业源氨氮排放量为 29.3 万吨，占 27.7%；生活源污水中氨氮排放量为 75.5 万吨，占 71.3%；集中式污染治理设施废水（含渗滤液）中氨氮排放量为 0.1 万吨，占 0.1%。2024 年全国及分源氨氮排放情况见表 2-2。

表 2-2 2024 年全国及分源氨氮排放情况

项目	合计	工业源	农业源	生活源	集中式污染治理设施
排放量/万吨	105.9	1.0	29.3	75.5	0.1
占比/%	—	1.0	27.7	71.3	0.1

2.2.2 各地区及分源排放情况

2024 年，氨氮排放量排名前五的地区依次为广东、湖南、四川、安徽和广西，排放量合计为 35.5 万吨，占全国氨氮排放量的 33.5%。2024 年各地区氨氮排放情况见图 2-3。

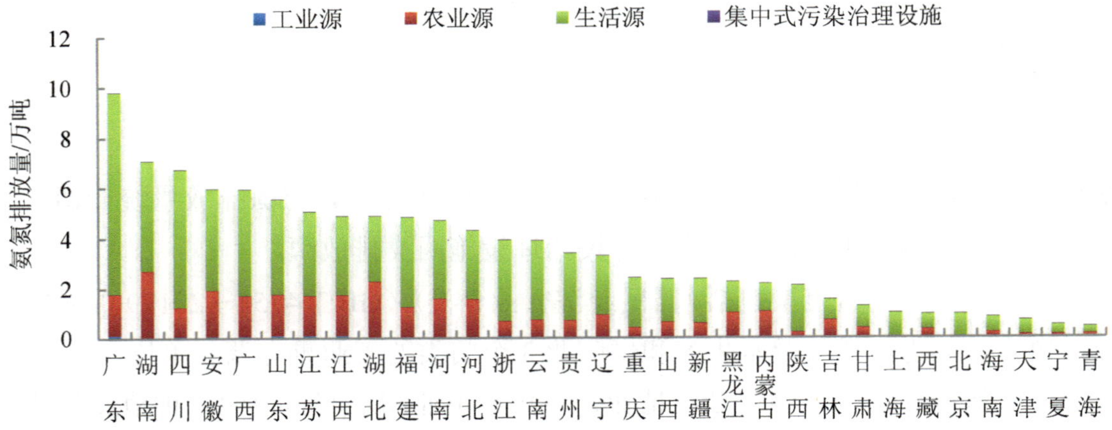

图 2-3　2024 年各地区氨氮排放情况

2.2.3　各工业行业排放情况

2024 年，在统计调查的 42 个工业行业中，氨氮排放量排名前五的行业依次为化学原料和化学制品制造业、造纸和纸制品业、纺织业、农副食品加工业、食品制造业。5 个行业的排放量合计为 0.6 万吨，占全国工业源氨氮排放量的 61.1%。2024 年各工业行业氨氮排放情况见图 2-4。

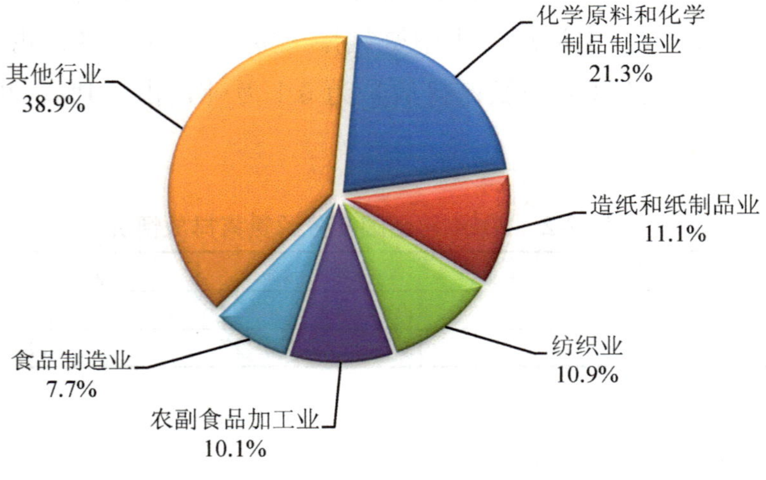

图 2-4　2024 年各工业行业氨氮排放情况

2.3 总氮排放情况

根据《排放源统计调查制度》（国统制〔2024〕11 号），总氮排放量统计调查范围包括工业源、农业源、生活源和集中式污染治理设施四类排放源。

工业源总氮统计调查范围包括《国民经济行业分类》（GB/T 4754—2017）中采矿业，制造业，电力、热力、燃气及水生产和供应业 3 个门类的工业重点调查单位。

农业源总氮统计调查范围包括种植业、畜禽养殖业和水产养殖业。种植业统计范围包括农作物种植和园地种植，畜禽养殖业统计范围包括生猪、奶牛、肉牛、蛋鸡、肉鸡五类畜禽的规模化养殖场及规模以下养殖户，水产养殖业统计范围包括人工淡水养殖和人工海水养殖。

生活源总氮统计调查范围包括第三产业和居民生活（城镇和农村）。

集中式污染治理设施总氮统计调查范围包括生活垃圾处理场（厂）和危险废物（医疗废物）集中处理厂。

2.3.1 全国及分源排放情况

2024 年，在《排放源统计调查制度》确定的统计调查范围内，全国总氮排放量为 324.8 万吨。其中，工业源废水中总氮排放量为 7.4 万吨，占 2.3%；农业源总氮排放量为 180.0 万吨，占 55.4%；生活源污水中总氮排放量为 137.3 万吨，占 42.3%；集中式污染治理设施废水（含渗滤液）中总氮排放量为 0.2 万吨，占 0.05%。2024 年全国及分源总氮排放情况见表 2-3。

表 2-3　2024 年全国及分源总氮排放情况

项目	合计	工业源	农业源	生活源	集中式污染治理设施
排放量/万吨	324.8	7.4	180.0	137.3	0.2
占比/%	—	2.3	55.4	42.3	0.05

2.3.2 各地区及分源排放情况

2024 年，总氮排放量排名前五的地区依次为广东、湖南、广西、四川和安徽，排放量合计为 106.1 万吨，占全国总氮排放量的 32.7%。2024 年各地区总氮排放情况见图 2-5。

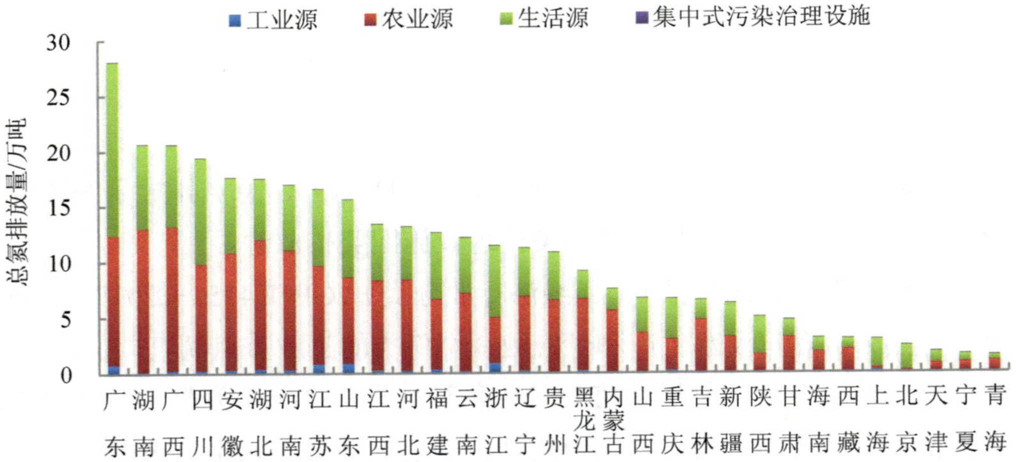

图 2-5　2024 年各地区总氮排放情况

2.3.3　各工业行业排放情况

2024 年，在统计调查的 42 个工业行业中，总氮排放量排名前五的行业依次为化学原料和化学制品制造业，纺织业，计算机、通信和其他电子设备制造业，造纸和纸制品业，农副食品加工业。5 个行业的排放量合计为 4.4 万吨，占全国工业源总氮排放量的 60.0%。2024 年各工业行业总氮排放情况见图 2-6。

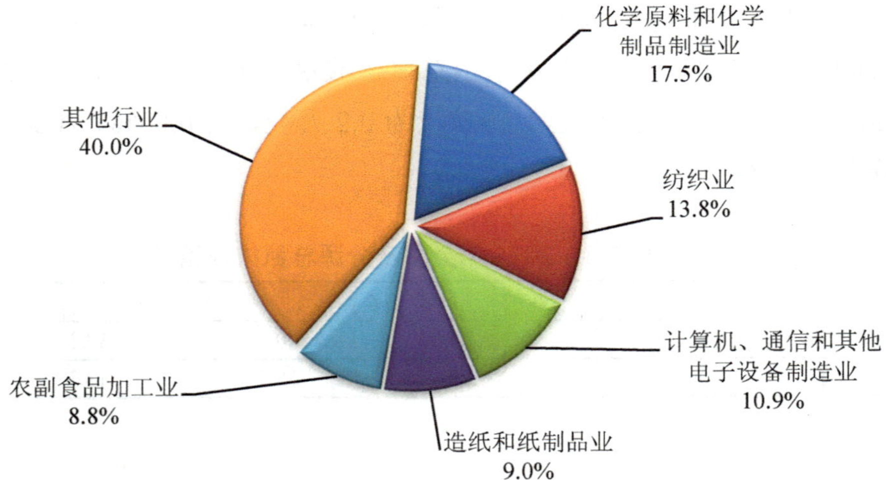

图 2-6　2024 年各工业行业总氮排放情况

2.4 总磷排放情况

根据《排放源统计调查制度》（国统制〔2024〕11 号），总磷排放量统计调查范围包括工业源、农业源、生活源和集中式污染治理设施四类排放源。

工业源总磷统计调查范围包括《国民经济行业分类》(GB/T 4754—2017) 中采矿业，制造业，电力、热力、燃气及水生产和供应业 3 个门类的工业重点调查单位。

农业源总磷统计调查范围包括种植业、畜禽养殖业和水产养殖业。种植业统计范围包括农作物种植和园地种植，畜禽养殖业统计范围包括生猪、奶牛、肉牛、蛋鸡、肉鸡五类畜禽的规模化养殖场及规模以下养殖户，水产养殖业统计范围包括人工淡水养殖和人工海水养殖。

生活源总磷统计调查范围包括第三产业和居民生活（城镇和农村）。

集中式污染治理设施总磷统计调查范围包括生活垃圾处理场（厂）和危险废物（医疗废物）集中处理厂。

2.4.1 全国及分源排放情况

2024 年，在《排放源统计调查制度》确定的统计调查范围内，全国总磷排放量为 39.0 万吨。其中，工业源废水中总磷排放量为 0.2 万吨，占 0.5%；农业源总磷排放量为 28.8 万吨，占 73.7%；生活源污水中总磷排放量为 10.1 万吨，占 25.8%；集中式污染治理设施废水（含渗滤液）中总磷排放量为 33.4 吨，占 0.01%。2024 年全国及分源总磷排放情况见表 2-4。

表 2-4 2024 年全国及分源总磷排放情况

项目	合计	工业源	农业源	生活源	集中式污染治理设施
排放量/万吨	39.0	0.2	28.8	10.1	0.003
占比/%	—	0.5	73.7	25.8	0.01

2.4.2 各地区及分源排放情况

2024 年，总磷排放量排名前五的地区依次为广东、湖南、广西、湖北和安徽，排放量合计为 13.5 万吨，占全国总磷排放量的 34.7%。2024 年各地区总磷排放情况见图 2-7。

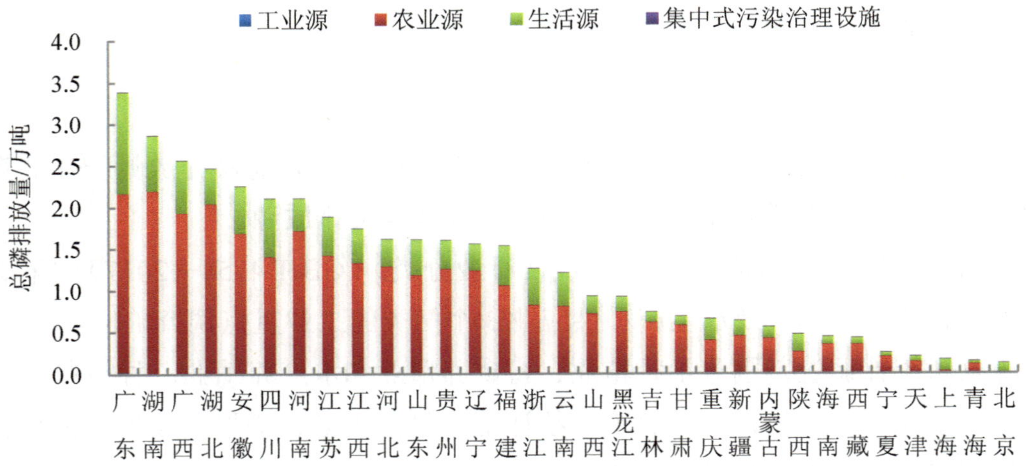

图 2-7 2024 年各地区总磷排放情况

2.4.3 各工业行业排放情况

2024 年，在统计调查的 42 个工业行业中，总磷排放量排名前五的行业依次为农副食品加工业，化学原料和化学制品制造业，纺织业，计算机、通信和其他电子设备制造业，食品制造业。5 个行业的排放量合计为 1194.4 吨，占全国工业源总磷排放量的 61.6%。2024 年各工业行业总磷排放情况见图 2-8。

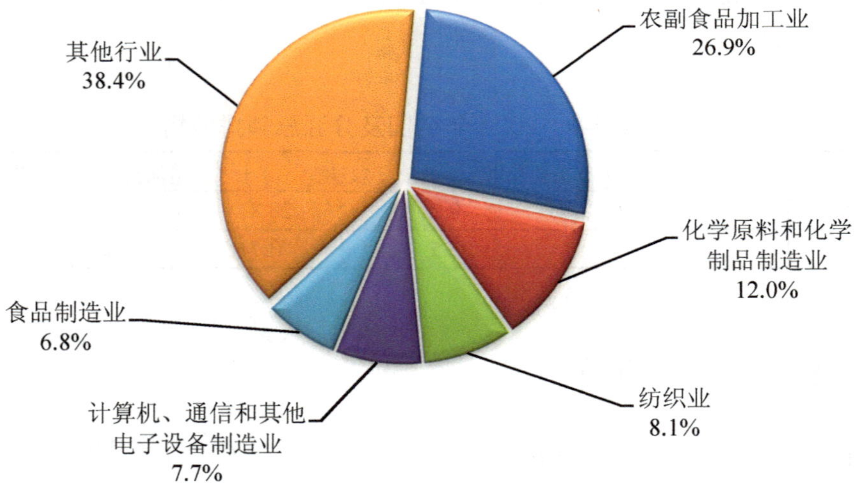

图 2-8 2024 年各工业行业总磷排放情况

2.5 其他污染物排放情况

根据《排放源统计调查制度》（国统制〔2024〕11 号），废水其他污染物排放量统计调查范围包括工业源和集中式污染治理设施两类排放源。

工业源废水其他污染物指标涉及石油类、挥发酚、氰化物和废水重金属①，统计调查范围包括《国民经济行业分类》（GB/T 4754—2017）中采矿业，制造业，电力、热力、燃气及水生产和供应业 3 个门类的工业重点调查单位。

集中式污染治理设施废水其他污染物统计调查范围包括生活垃圾处理场（厂）和危险废物（医疗废物）集中处理厂，其中，生活垃圾处理场（厂）不调查挥发酚和氰化物。

2024 年，在《排放源统计调查制度》确定的统计调查范围内，全国废水中石油类排放量为 1564.5 吨，挥发酚排放量为 47.8 吨，氰化物排放量为 22.8 吨，重金属排放量为 37.8 吨。2024 年全国废水中其他污染物排放情况见表 2-5。

表 2-5　2024 年全国废水中其他污染物排放情况　　单位：吨

排放源	石油类	挥发酚	氰化物	废水重金属
工业源	1564.5	47.8	22.8	35.7
集中式污染治理设施	—	0.04	0.02	2.1
合计	1564.5	47.8	22.8	37.8

① 废水重金属排放量指废水中总砷、总铅、总镉、总汞、总铬排放量合计值，下同。

3

废气污染物

3.1 二氧化硫排放情况

根据《排放源统计调查制度》（国统制〔2024〕11 号），二氧化硫排放量统计调查范围包括工业源、生活源和集中式污染治理设施三类排放源。

工业源二氧化硫统计调查范围包括《国民经济行业分类》（GB/T 4754—2017）中采矿业，制造业，电力、热力、燃气及水生产和供应业 3 个门类的工业重点调查单位。

生活源二氧化硫统计调查范围为除工业重点调查单位以外的能源（煤炭和天然气）消费过程排放。

集中式污染治理设施二氧化硫统计调查范围包括生活垃圾处理场（厂）和危险废物（医疗废物）集中处理厂。

3.1.1 全国及分源排放情况

2024年，在《排放源统计调查制度》确定的统计调查范围内，全国废气中二氧化硫排放量为222.3万吨。其中，工业源废气中二氧化硫排放量为169.1万吨，占76.1%；生活源废气中二氧化硫排放量为53.0万吨，占23.8%；集中式污染治理设施废气中二氧化硫排放量为0.2万吨，占0.1%。2024年全国及分源二氧化硫排放情况见表3-1。

表 3-1 2024 年全国及分源二氧化硫排放情况

项目	合计	工业源	生活源	集中式污染治理设施
排放量/万吨	222.3	169.1	53.0	0.2
占比/%	—	76.1	23.8	0.1

注：集中式污染治理设施废气污染物包括生活垃圾处理场（厂）和危险废物（医疗废物）集中处理厂焚烧废气中排放的污染物，下同。

3.1.2 各地区及分源排放情况

2024 年，二氧化硫排放量排名前五的地区依次为内蒙古、云南、河北、贵州和山东，排放量合计为 75.7 万吨，占全国二氧化硫排放量的 34.1%。2024 年各地区二氧化硫排放情况见图 3-1。

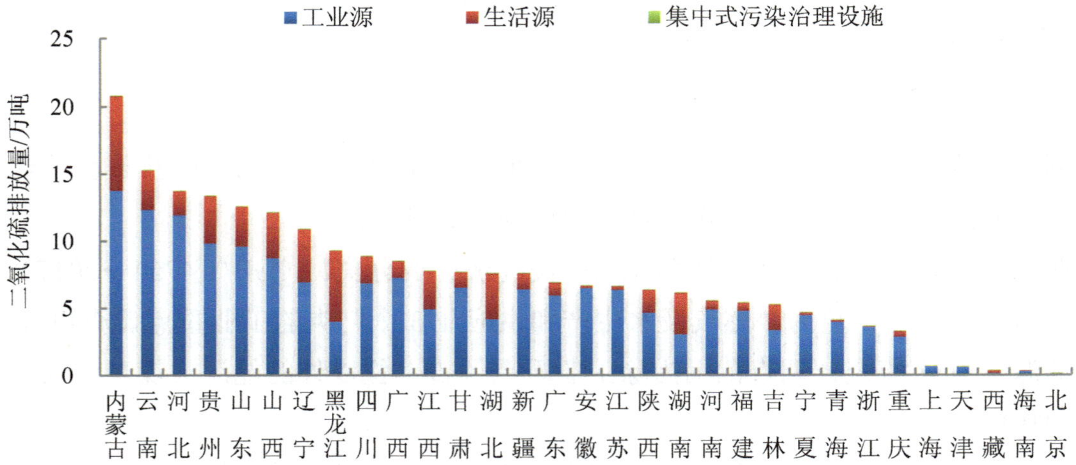

图 3-1　2024 年各地区二氧化硫排放情况

3.1.3　各工业行业排放情况

2024 年，在统计调查的 42 个工业行业中，二氧化硫排放量排名前五的行业依次为电力、热力生产和供应业，黑色金属冶炼和压延加工业，有色金属冶炼和压延加工业，非金属矿物制品业，化学原料和化学制品制造业。5 个行业的排放量合计为 156.2 万吨，占全国工业源二氧化硫排放量的 92.3%。2024 年各工业行业二氧化硫排放情况见图 3-2。

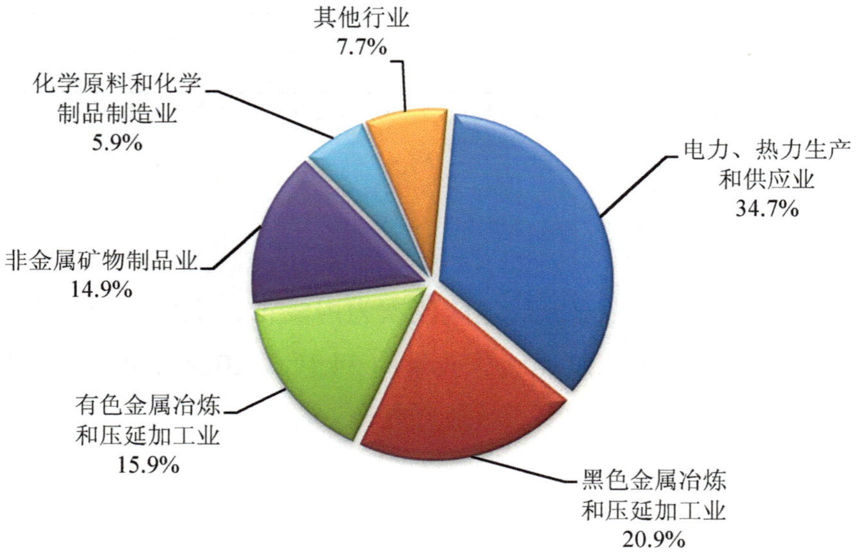

图 3-2　2024 年各工业行业二氧化硫排放情况

3.2 氮氧化物排放情况

根据《排放源统计调查制度》（国统制〔2024〕11 号），氮氧化物排放量统计调查范围包括工业源、生活源、移动源和集中式污染治理设施四类排放源。

工业源氮氧化物统计调查范围包括《国民经济行业分类》（GB/T 4754—2017）中采矿业，制造业，电力、热力、燃气及水生产和供应业 3 个门类的工业重点调查单位。

生活源氮氧化物统计调查范围为除工业重点调查单位以外的能源（煤炭和天然气）消费过程排放。

移动源氮氧化物统计调查范围包括机动车和非道路移动机械（工程机械）污染排放。机动车类型包括汽车、低速汽车和摩托车，不包含厂内自用和未在交管部门登记注册的机动车；非道路移动机械为工程机械。

集中式污染治理设施氮氧化物统计调查范围包括生活垃圾处理场（厂）和危险废物（医疗废物）集中处理厂。

3.2.1 全国及分源排放情况

2024 年，在《排放源统计调查制度》确定的统计调查范围内，全国氮氧化物排放量为 886.6 万吨。其中，工业源废气中氮氧化物排放量为 309.6 万吨，占 34.9%；生活源废气中氮氧化物排放量为 33.3 万吨，占 3.8%；移动源废气中氮氧化物排放量为 542.9 万吨，占 61.2%；集中式污染治理设施废气中氮氧化物排放量为 0.9 万吨，占 0.1%。2024 年全国及分源氮氧化物排放情况见表 3-2。

表 3-2　2024 年全国及分源氮氧化物排放情况

项目	合计	工业源	生活源	移动源	集中式污染治理设施
排放量/万吨	886.6	309.6	33.3	542.9	0.9
占比/%	—	34.9	3.8	61.2	0.1

3.2.2 各地区及分源排放情况

2024 年，氮氧化物排放量排名前五的地区依次为山东、河北、广东、辽宁和河南，排放量合计为 309.4 万吨，占全国氮氧化物排放量的 34.9%。2024 年各地区氮氧化物排放情况见图 3-3。

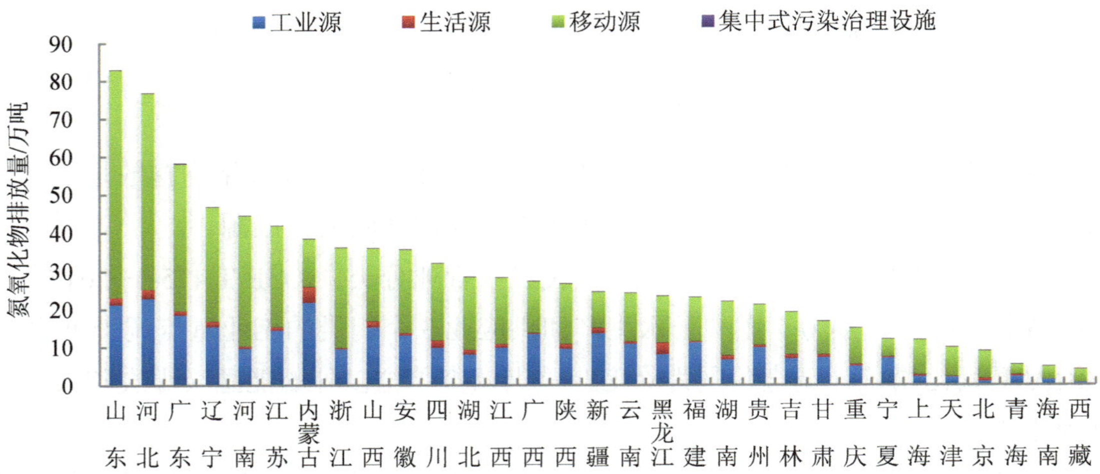

图 3-3　2024 年各地区氮氧化物排放情况

3.2.3　各工业行业排放情况

2024 年，在统计调查的 42 个工业行业中，氮氧化物排放量排名前五的行业依次为电力、热力生产和供应业，黑色金属冶炼和压延加工业，非金属矿物制品业，石油、煤炭及其他燃料加工业，化学原料和化学制品制造业。5 个行业的排放量合计为 280.6 万吨，占全国工业源氮氧化物排放量的 90.6%。2024 年各工业行业氮氧化物排放情况见图 3-4。

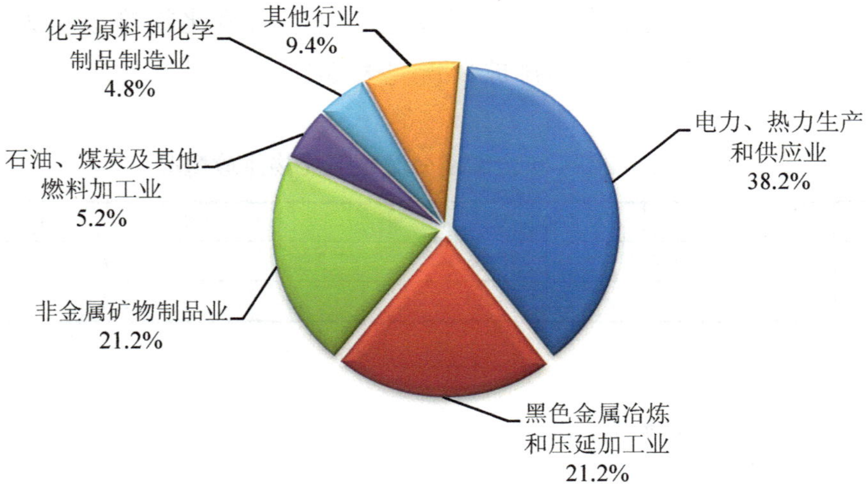

图 3-4　2024 年各工业行业氮氧化物排放情况

3.3 颗粒物排放情况

根据《排放源统计调查制度》（国统制〔2024〕11 号），颗粒物排放量统计调查范围包括工业源、生活源、移动源和集中式污染治理设施四类排放源。

工业源颗粒物统计调查范围包括《国民经济行业分类》（GB/T 4754—2017）中采矿业，制造业，电力、热力、燃气及水生产和供应业 3 个门类的工业重点调查单位有组织排放量和部分行业企业无组织排放量，其中，部分行业包括黑色金属冶炼和压延加工业（大类行业代码 31）、水泥制造业（小类行业代码 3011）以及《排放源统计调查产排污核算方法和系数手册》（生态环境部公告 2021 年第 24 号）中发布颗粒物无组织排放系数的行业。

生活源颗粒物统计调查范围为除工业重点调查单位以外的能源（煤炭和天然气）消费过程排放。

移动源颗粒物统计调查范围包括机动车和非道路移动机械（工程机械）污染排放。机动车类型包括汽车、低速汽车和摩托车，不包含厂内自用和未在交管部门登记注册的机动车；非道路移动机械为工程机械。

集中式污染治理设施颗粒物统计调查范围包括生活垃圾处理场（厂）和危险废物（医疗废物）集中处理厂。

3.3.1 全国及分源排放情况

2024 年，在《排放源统计调查制度》确定的统计调查范围内，全国颗粒物排放量为 469.8 万吨。其中，工业源废气中颗粒物排放量为 290.0 万吨，占 61.7%；生活源废气中颗粒物排放量为 168.8 万吨，占 35.9%；移动源废气中颗粒物排放量为 11.0 万吨，占 2.3%；集中式污染治理设施废气中颗粒物排放量为 0.05 万吨，占 0.01%。2024 年全国及分源颗粒物排放情况见表 3-3。

表 3-3　2024 年全国及分源颗粒物排放情况

项目	合计	工业源	生活源	移动源	集中式污染治理设施
排放量/万吨	469.8	290.0	168.8	11.0	0.05
占比/%	—	61.7	35.9	2.3	0.01

3.3.2 各地区及分源排放情况

2024 年，颗粒物排放量排名前五的地区依次为内蒙古、新疆、黑龙江、河北和山西，排放量合计为 246.9 万吨，占全国颗粒物排放量的 52.6%。2024 年各地区颗粒物排放情况见图 3-5。

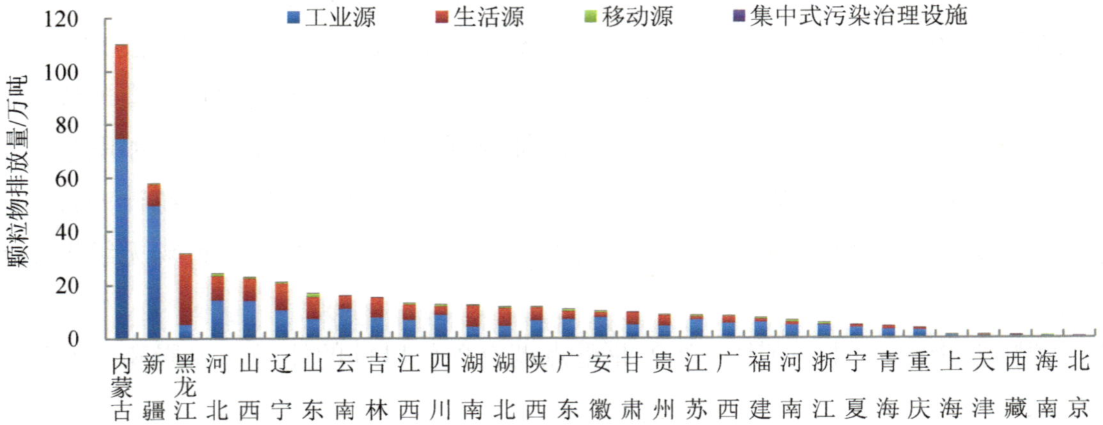

图 3-5 2024 年各地区颗粒物排放情况

3.3.3 各工业行业排放情况

2024 年，在统计调查的 42 个工业行业中，颗粒物排放量排名前五的行业依次为煤炭开采和洗选业，非金属矿物制品业，黑色金属冶炼和压延加工业，有色金属矿采选业，电力、热力生产和供应业。5 个行业的排放量合计为 245.6 万吨，占全国工业源颗粒物排放量的 84.7%。2024 年各工业行业颗粒物排放情况见图 3-6。

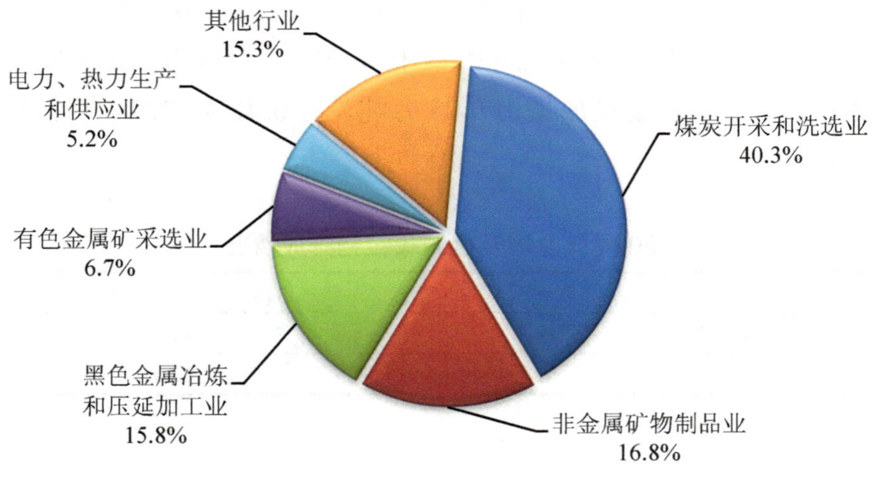

图 3-6 2024 年各工业行业颗粒物排放情况

3.4 挥发性有机物排放情况

根据《排放源统计调查制度》（国统制〔2024〕11 号），挥发性有机物排放量统计调查范围包括工业源、生活源和移动源三类排放源。

工业源挥发性有机物统计调查范围包括《国民经济行业分类》（GB/T 4754—2017）中采矿业，制造业，电力、热力、燃气及水生产和供应业3个门类的工业重点调查单位。

生活源挥发性有机物统计调查范围包括除工业重点调查单位以外的能源（煤炭和天然气）消费过程以及部分生活活动（建筑装饰、餐饮油烟、家庭日化用品、干洗和汽车修补），不包含液化石油气燃烧、油品运输和销售、农村居民生物质燃烧等过程。

移动源挥发性有机物统计调查范围包括机动车、非道路移动机械（工程机械）、储油库和沥青道路铺装过程。机动车类型包括汽车、低速汽车和摩托车，不包含厂内自用和未在交管部门登记注册的机动车；非道路移动机械为工程机械；储油库指对外营业的储油库，不包括石油炼制企业内部储油库和军用储油库；沥青道路包括公路和城市道路。

3.4.1 全国及分源排放情况

2024 年，在《排放源统计调查制度》确定的统计调查范围内，全国挥发性有机物排放量为 658.4 万吨。其中，工业源废气中挥发性有机物排放量为 222.4 万吨，占 33.8%；生活源废气中挥发性有机物排放量为 181.8 万吨，占 27.6%；移动源废气中挥发性有机物排放量为 254.1 万吨，占 38.6%。2024 年全国及分源挥发性有机物排放情况见表 3-4。

表 3-4 2024 年全国及分源挥发性有机物排放情况

项目	合计	工业源	生活源	移动源
排放量/万吨	658.4	222.4	181.8	254.1
占比/%	—	33.8	27.6	38.6

3.4.2 各地区及分源排放情况

2024 年，挥发性有机物排放量排名前五的地区依次为山东、广东、江苏、浙江和河北，排放量合计为 235.4 万吨，占全国挥发性有机物排放量的 35.8%。2024 年各地区挥发性有机物排放情况见图 3-7。

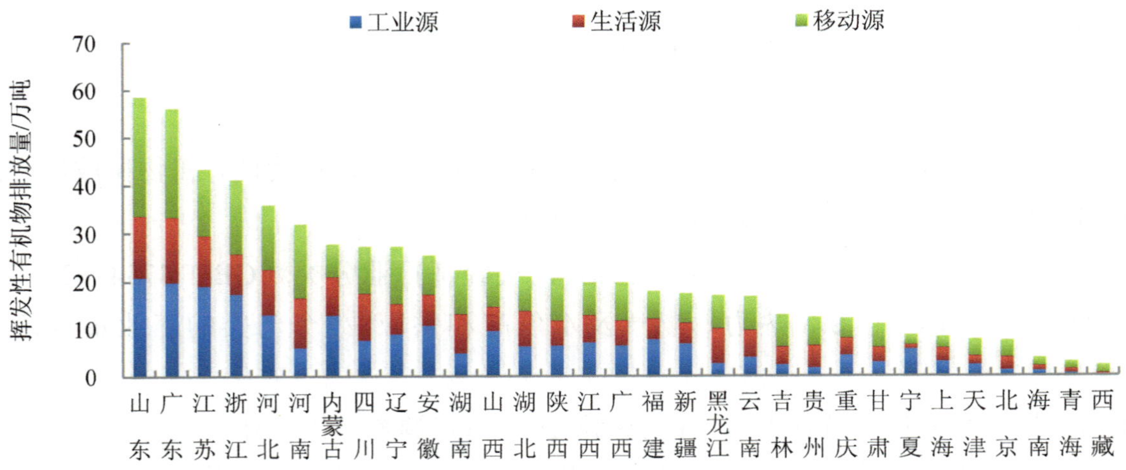

图 3-7 2024 年各地区挥发性有机物排放情况

3.4.3 各工业行业排放情况

2024 年，在统计调查的 42 个工业行业中，挥发性有机物排放量排名前五的行业依次为化学原料和化学制品制造业，石油、煤炭及其他燃料加工业，医药制造业，橡胶和塑料制品业，计算机、通信和其他电子设备制造业。5 个行业的排放量合计为 145.6 万吨，占全国工业源挥发性有机物排放量的 65.5%。2024 年各工业行业挥发性有机物排放情况见图 3-8。

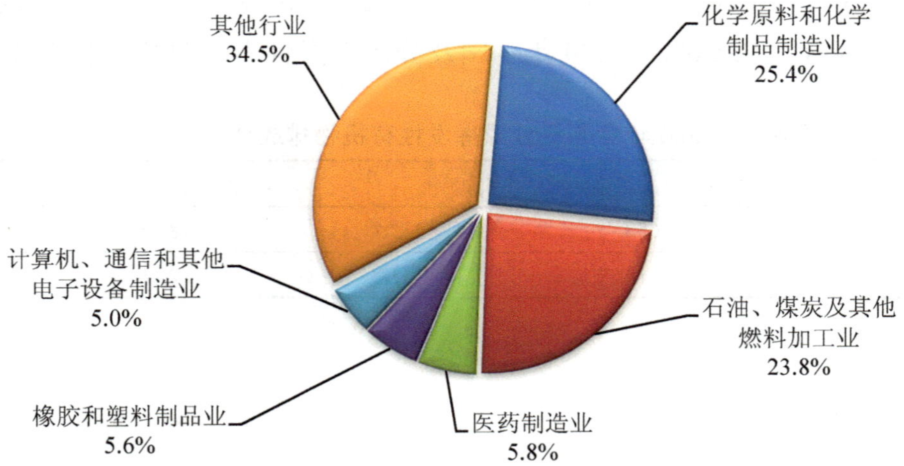

图 3-8 2024 年各工业行业挥发性有机物排放情况

4

工业固体废物、危险废物和化学物质环境信息

4.1 一般工业固体废物产生、综合利用和处置情况

根据《排放源统计调查制度》（国统制〔2024〕11 号），一般工业固体废物统计调查范围为工业源，包括《国民经济行业分类》（GB/T 4754—2017）中采矿业，制造业，电力、热力、燃气及水生产和供应业 3 个门类的工业重点调查单位。

4.1.1 全国及各地区产生、综合利用和处置情况

2024 年，在《排放源统计调查制度》确定的统计调查范围内，全国一般工业固体废物产生量为 44.0 亿吨，综合利用量为 26.5 亿吨，处置量为 8.0 亿吨。

一般工业固体废物产生量排名前五的地区依次为河北、山西、内蒙古、山东和辽宁，产生量合计为 19.1 亿吨，占全国一般工业固体废物产生量的 43.4%。2024 年各地区一般工业固体废物产生情况见图 4-1。

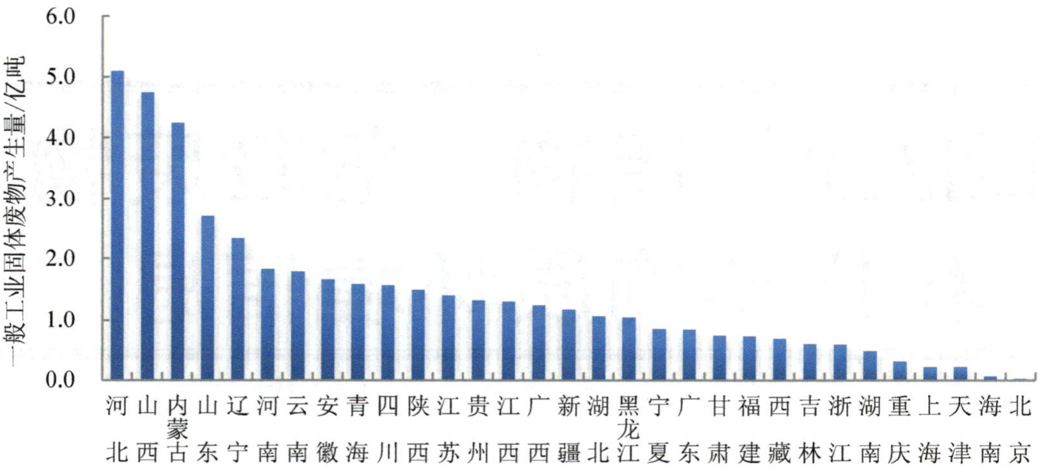

图 4-1 2024 年各地区一般工业固体废物产生情况

一般工业固体废物综合利用量排名前五的地区依次为河北、山东、山西、内蒙古和安徽，综合利用量合计为 10.3 亿吨，占全国一般工业固体废物综合利用量的 38.8%。2024 年各地区一般工业固体废物综合利用情况见图 4-2。

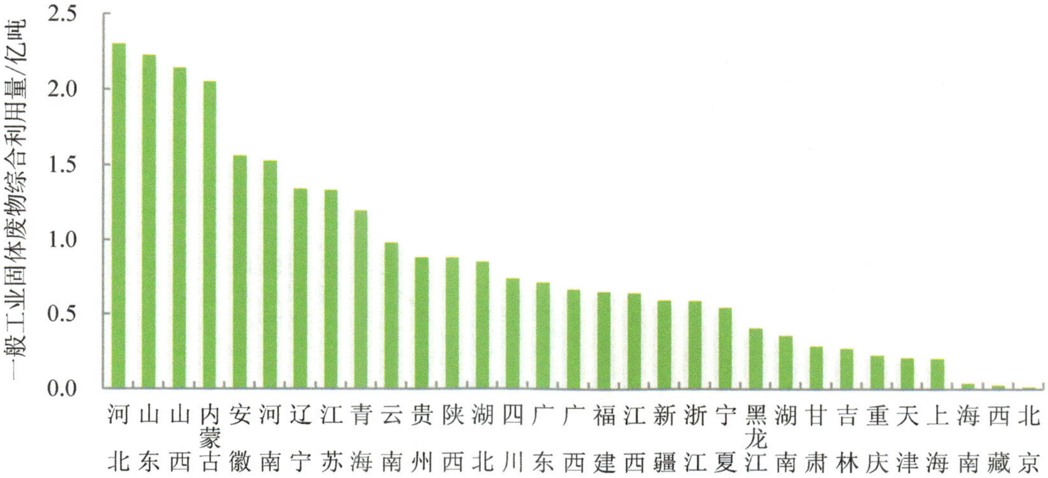

图 4-2　2024 年各地区一般工业固体废物综合利用情况

一般工业固体废物处置量排名前五的地区依次为山西、内蒙古、河北、云南和四川，处置量合计为 5.3 亿吨，占全国一般工业固体废物处置量的 66.0%。2024 年各地区一般工业固体废物处置情况见图 4-3。

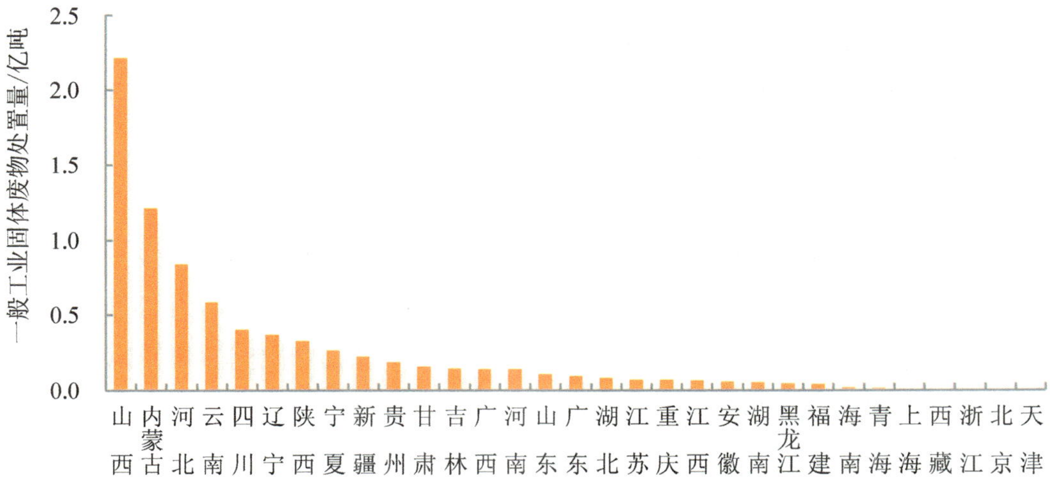

图 4-3　2024 年各地区一般工业固体废物处置情况

4.1.2　各工业行业产生、综合利用和处置情况

2024 年，在统计调查的 42 个工业行业中，一般工业固体废物产生量排名前五的

行业依次为电力、热力生产和供应业，黑色金属冶炼和压延加工业，黑色金属矿采选业，煤炭开采和洗选业，有色金属矿采选业。5 个行业的产生量合计为 33.9 亿吨，占全国一般工业固体废物产生量的 77.1%。2024 年各工业行业一般工业固体废物产生情况见图 4-4。

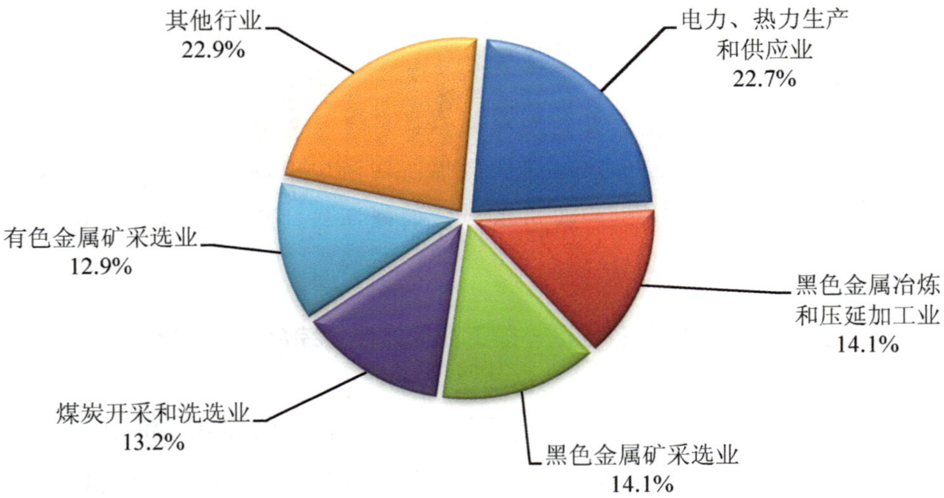

图 4-4　2024 年各工业行业一般工业固体废物产生情况

一般工业固体废物综合利用量排名前五的行业依次为电力、热力生产和供应业，黑色金属冶炼和压延加工业，煤炭开采和洗选业，化学原料和化学制品制造业，黑色金属矿采选业。5 个行业的综合利用量合计为 21.9 亿吨，占全国一般工业固体废物综合利用量的 82.6%。

一般工业固体废物处置量排名前五的行业依次为煤炭开采和洗选业，电力、热力生产和供应业，黑色金属矿采选业，有色金属矿采选业，黑色金属冶炼和压延加工业。5 个行业的处置量合计为 6.2 亿吨，占全国一般工业固体废物处置量的 78.0%。

2024 年主要行业一般工业固体废物综合利用和处置情况见图 4-5。

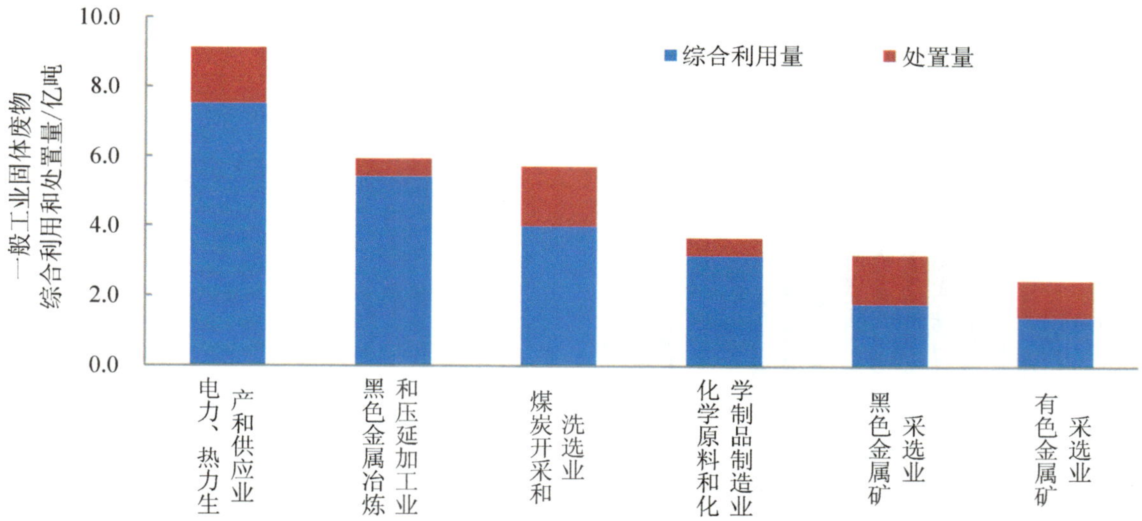

图 4-5 2024 年主要行业一般工业固体废物综合利用和处置情况

4.2 工业危险废物产生和利用处置情况

根据《排放源统计调查制度》（国统制〔2024〕11 号），工业危险废物统计调查范围为工业源，包括《国民经济行业分类》（GB/T 4754—2017）中采矿业，制造业，电力、热力、燃气及水生产和供应业 3 个门类的工业重点调查单位。

4.2.1 全国及各地区产生和利用处置情况

2024 年，在《排放源统计调查制度》确定的统计调查范围内，全国工业危险废物产生量为 11960 万吨，利用处置量为 11816 万吨。

工业危险废物产生量排名前五的地区依次为山东、江苏、新疆、河北和内蒙古，产生量合计为 4263 万吨，占全国工业危险废物产生量的 35.6%。2024 年各地区工业危险废物产生情况见图 4-6。

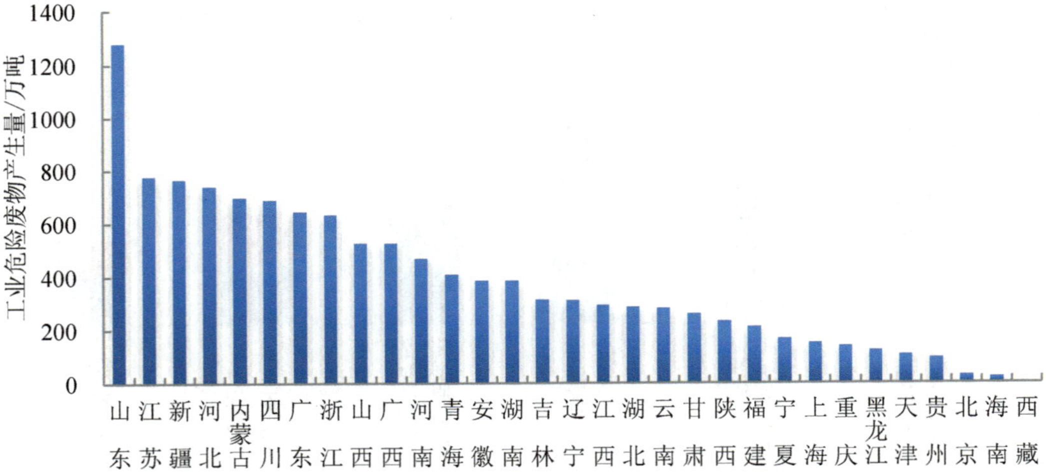

图 4-6　2024 年各地区工业危险废物产生情况

工业危险废物利用处置量排名前五的地区依次为山东、江苏、新疆、河北和四川，利用处置量合计为 4283 万吨，占全国工业危险废物利用处置量的 36.3%。2024 年各地区工业危险废物利用处置情况见图 4-7。

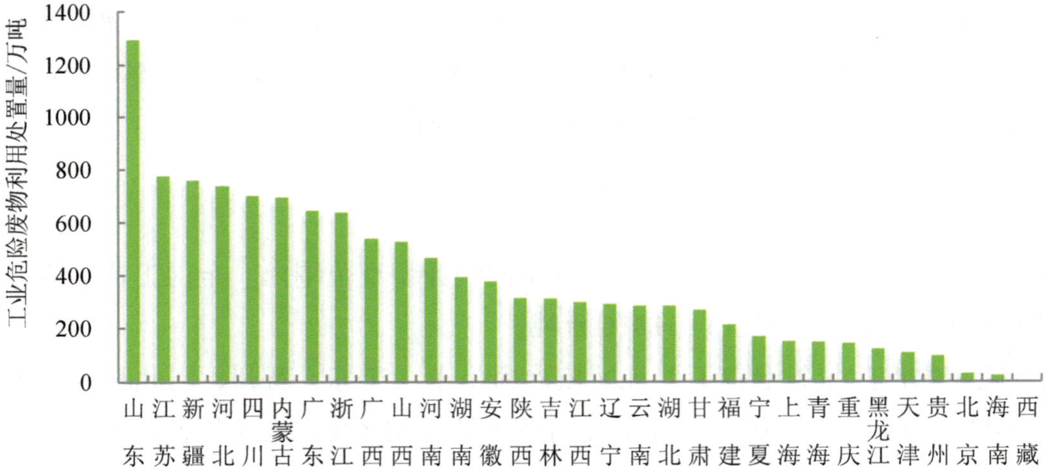

图 4-7　2024 年各地区工业危险废物利用处置情况

4.2.2　各工业行业产生和利用处置情况

2024 年，在统计调查的 42 个工业行业中，危险废物产生量排名前五的行业依次为化学原料和化学制品制造业，石油、煤炭及其他燃料加工业，有色金属冶炼和压延加工业，黑色金属冶炼和压延加工业，电力、热力生产和供应业。5 个行业的产生量合计为 8431 万吨，占全国工业危险废物产生量的 70.5%。2024 年各工业行业危险废物产生情况见图 4-8。

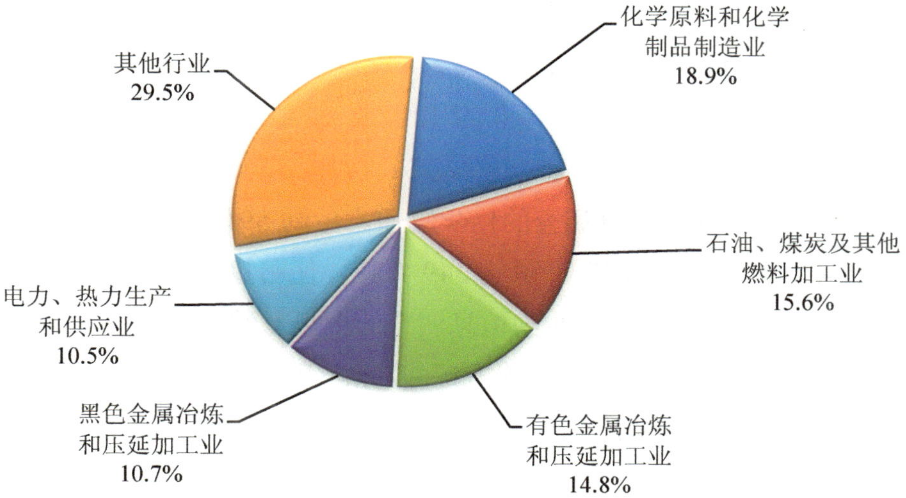

图 4-8　2024 年各工业行业危险废物产生情况

工业危险废物利用处置量排名前五的行业依次为化学原料和化学制品制造业，有色金属冶炼和压延加工业，石油、煤炭及其他燃料加工业，黑色金属冶炼和压延加工业，电力、热力生产和供应业。5 个行业的利用处置量合计为 8563 万吨，占全国工业危险废物利用处置量的 72.5%。2024 年各工业行业危险废物利用处置情况见图 4-9。

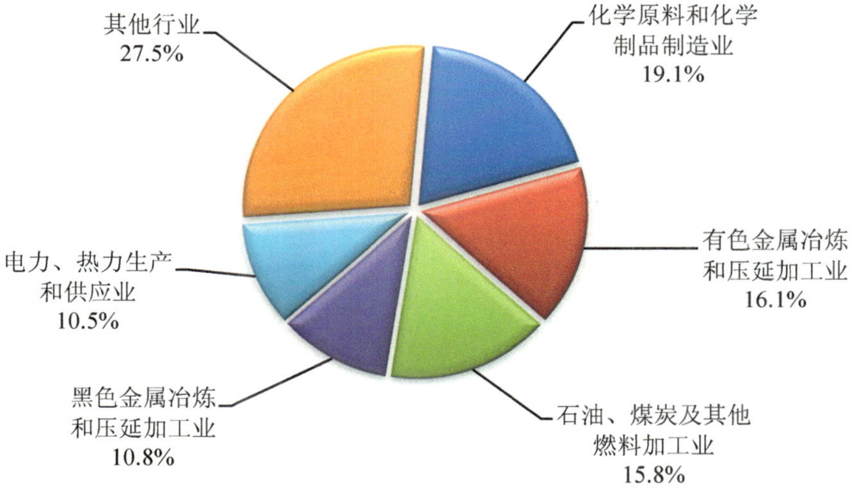

图 4-9　2024 年各工业行业危险废物利用处置情况

4.3 化学物质环境信息统计调查情况

按照《化学物质环境信息统计调查制度》（国统制〔2023〕84 号），对《国民经济行业分类》（GB/T 4754—2017）中制造业的 122 个小类行业有关企业的化学物质的生产、加工使用情况进行统计调查。

2024 年，开展详细环境信息调查的化学物质产量约 5919 万吨，使用量约 4743 万吨；开展重点管控信息调查的化学物质产量约 349 万吨，使用量约 207 万吨；开展《关于持久性有机污染物的斯德哥尔摩公约》履约信息调查的全氟辛酸及其相关化合物等持久性有机污染物产量约 0.11 万吨，年末库存量约 0.02 万吨。开展《关于汞的水俣公约》履约信息调查的汞年产量约 709 吨，其中，再生汞年产量约 675 吨。

5

污染治理设施

5.1 工业企业污染治理情况

5.1.1 工业废水治理情况

2024 年，全国纳入排放源统计调查的涉水工业企业共 83367 家，企业内部废水治理设施共 82130 套，设计处理能力为 2.0 亿吨/日，治理设施运行费用为 850.3 亿元，全年共处理工业废水 327.4 亿吨。工业废水治理设施数排名前五的地区依次为浙江、江苏、广东、山东和安徽，工业废水处理量排名前五的地区依次为福建、河北、山东、安徽和江苏。2024 年各地区工业废水治理设施数量分布情况见图 5-1。2024 年各地区工业废水处理情况见图 5-2。

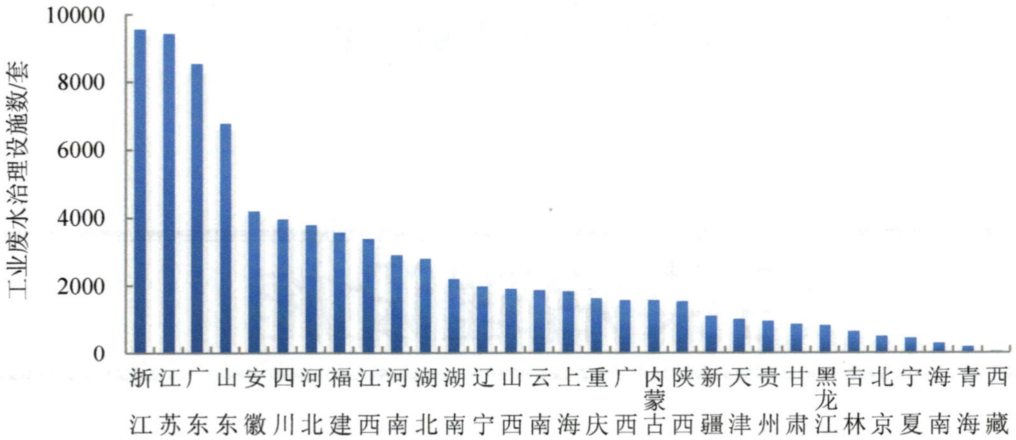

图 5-1 2024 年各地区工业废水治理设施数量分布情况

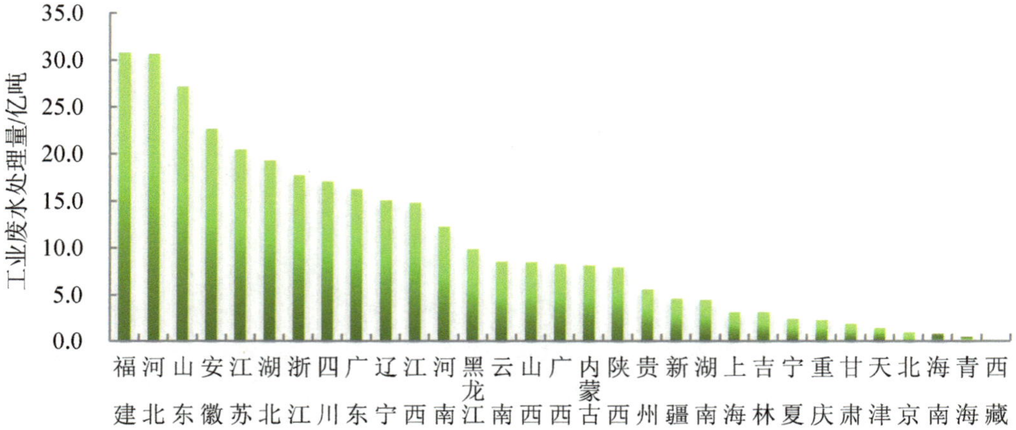

图 5-2 2024 年各地区工业废水处理情况

废水治理设施数排名前五的行业依次为化学原料和化学制品制造业，金属制品业，农副食品加工业，计算机、通信和其他电子设备制造业，纺织业。工业废水处理量排名前五的行业依次为黑色金属冶炼和压延加工业，电力、热力生产和供应业，化学原料和化学制品制造业，纺织业，造纸和纸制品业。2024 年各工业行业废水治理设施数量分布情况见图 5-3。2024 年各工业行业废水处理情况见图 5-4。

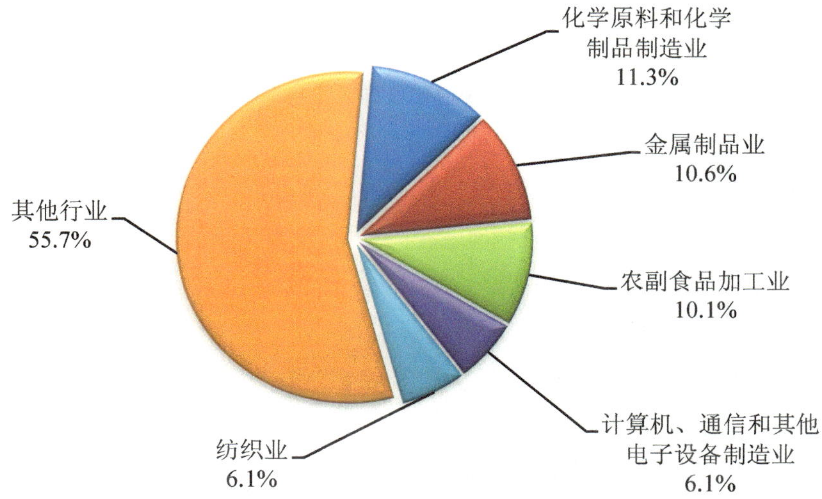

图 5-3　2024 年各工业行业废水治理设施数量分布情况

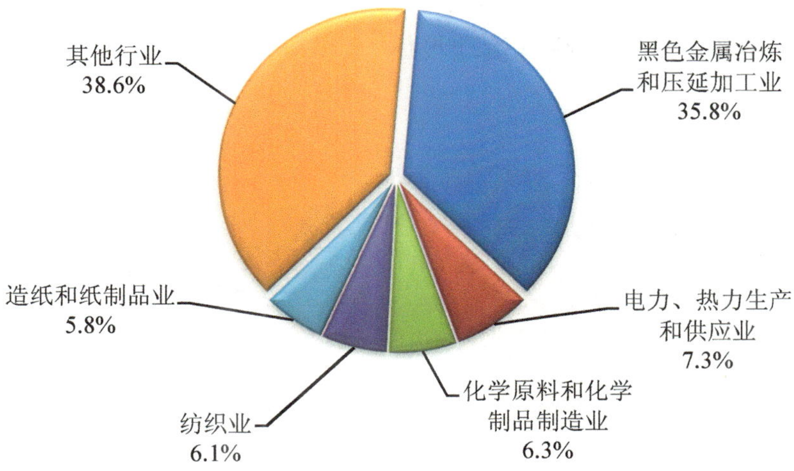

图 5-4　2024 年各工业行业废水处理情况

5.1.2 工业废气治理情况

2024 年，全国纳入排放源统计调查的涉气工业企业共 156068 家，废气治理设施共 463776 套，其中，脱硫设施 36274 套，脱硝设施 27973 套，除尘设施 208292 套，VOCs 治理设施 136004 套，治理设施运行费用为 2494.4 亿元。工业废气治理设施数排名前五的地区依次为山东、江苏、广东、浙江和河北。2024 年各地区工业废气治理设施数量分布情况见图 5-5。

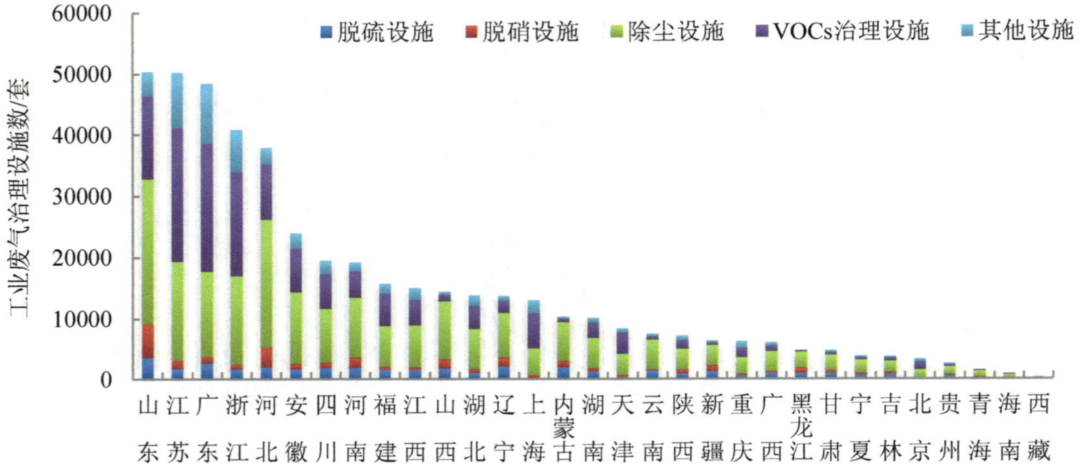

图 5-5　2024 年各地区工业废气治理设施数量分布情况

在统计调查的 42 个工业行业中，废气治理设施数排名前五的行业依次为非金属矿物制品业，金属制品业，化学原料和化学制品制造业，电力、热力生产和供应业，橡胶和塑料制品业。2024 年各工业行业废气治理设施数量分布情况见图 5-6。

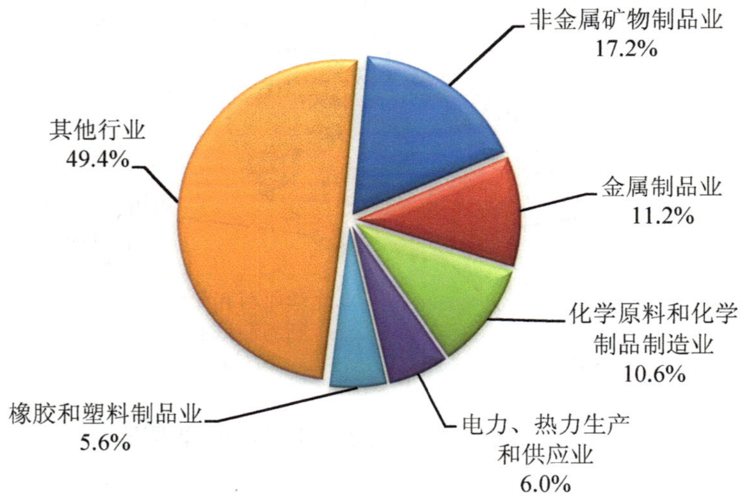

图 5-6　2024 年各工业行业废气治理设施数量分布情况

5.2 集中式污染治理设施污染治理情况

5.2.1 污水处理厂情况

2024 年，全国纳入排放源统计调查的污水处理厂共 15259 家，污水处理厂设计处理能力为 3.5 亿吨/日，运行费用为 1440.6 亿元。污水处理厂数量排名前五的地区依次为四川、广东、江苏、湖北和重庆。5 个地区的污水处理厂数量合计为 6258 家，占全国污水处理厂数量的 41.0%。2024 年各地区污水处理厂数量分布情况见图 5-7。

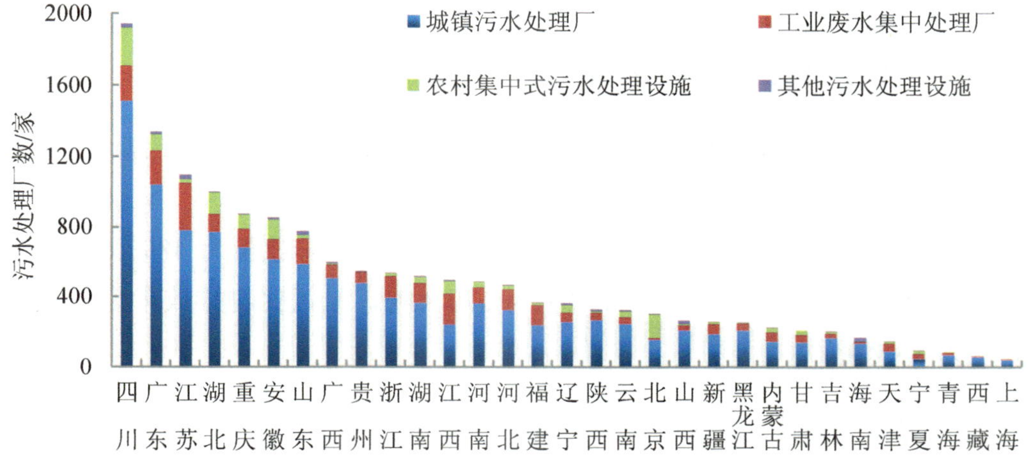

图 5-7 2024 年各地区污水处理厂数量分布情况

2024 年，全国共处理污水 988.4 亿吨，污水处理量排名前五的地区依次为广东、江苏、山东、浙江和河南。5 个地区的污水处理量合计为 401.5 亿吨，占全国污水处理量的 40.6%。全国污水处理厂共去除化学需氧量 2141.6 万吨、氨氮 237.4 万吨、总氮 266.6 万吨、总磷 34.5 万吨。污水处理厂的污泥产生量为 5730.7 万吨，污泥处置量为 5699.1 万吨。2024 年各地区污水处理量分布情况见图 5-8。

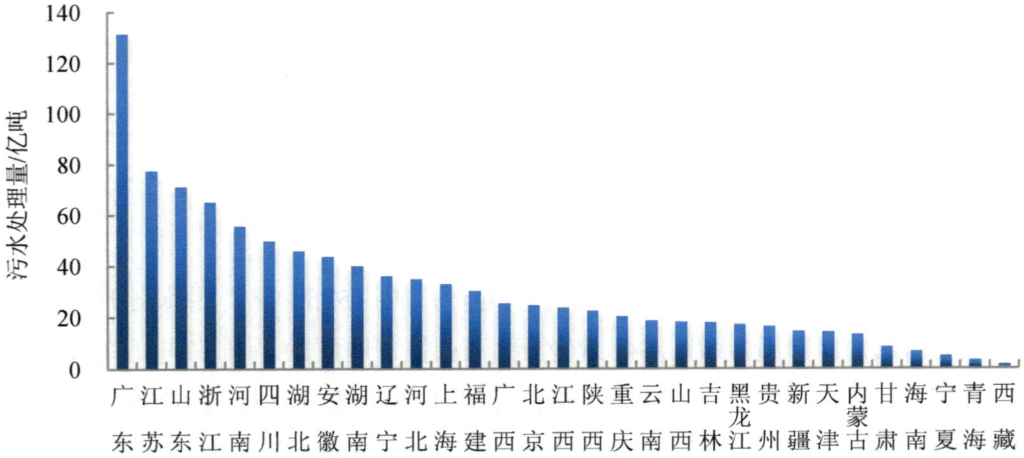

图 5-8　2024 年各地区污水处理量分布情况

5.2.2　生活垃圾处理场（厂）情况

2024 年，全国纳入排放源统计调查的生活垃圾处理场（厂）共 2942 家（含餐厨垃圾集中处理厂 130 家），运行费用为 171.4 亿元。

生活垃圾处理场（厂）废水（含渗滤液）中化学需氧量排放量为 4897.6 吨，氨氮排放量为 837.6 吨；焚烧废气中二氧化硫排放量为 670.8 吨，氮氧化物排放量为 3155.2 吨，颗粒物排放量为 83.7 吨。

5.2.3　危险废物（医疗废物）集中处理厂情况

2024 年，全国纳入排放源统计调查的危险废物集中处理厂 2025 家、医疗废物（单独）集中处置厂 490 家、协同处置的企业 307 家，运行费用为 529.5 亿元。2024 年各地区危险废物（医疗废物）集中处理厂数量分布情况见图 5-9。

危险废物（医疗废物）利用处置量为 4928.7 万吨，其中，综合利用量为 2712.5 万吨，处置危险废物量为 2056.1 万吨，处置医疗废物量为 160.0 万吨。处置量中填埋量为 679.4 万吨、焚烧量为 841.3 万吨。废水（含渗滤液）中化学需氧量排放量为 486.3 吨，氨氮排放量为 18.4 吨；焚烧废气中二氧化硫排放量为 986.5 吨，氮氧化物排放量为 5722.2 吨，颗粒物排放量为 399.4 吨。2024 年各地区危险废物（医疗废物）利用处置情况见图 5-10。

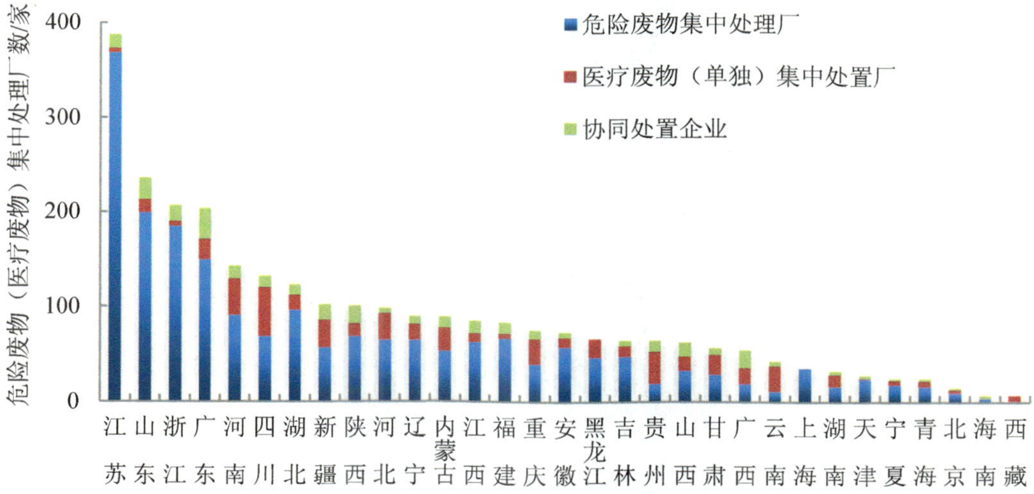

图 5-9　2024 年各地区危险废物（医疗废物）集中处理厂数量分布情况

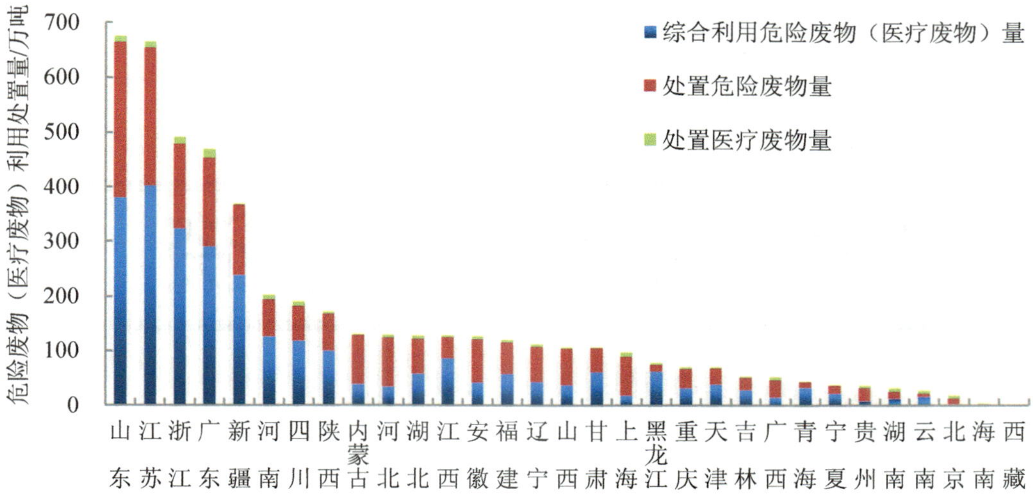

图 5-10　2024 年各地区危险废物（医疗废物）利用处置情况

6

环境污染治理投资

6.1 总体情况

6.1.1 环境污染治理投资

环境污染治理投资包括城市环境基础设施建设投资、老工业污染源治理投资、建设项目竣工验收环保投资三部分，其中，城市环境基础设施建设投资数据来源于住房和城乡建设部门公开数据，老工业污染源治理投资、建设项目竣工验收环保投资数据来源于排放源统计调查。2024 年，全国环境污染治理投资总额为 8037.4 亿元，占国内生产总值（GDP）的 0.6%，占全社会固定资产投资总额的 1.5%。其中，城市环境基础设施建设投资为 5210.0 亿元，老工业污染源治理投资为 479.8 亿元，建设项目竣工验收环保投资为 2347.6 亿元，分别占环境污染治理投资总额的 64.8%、6.0%和 29.2%。2024 年全国环境污染治理投资情况见表 6-1。

表 6-1　2024 年全国环境污染治理投资情况

项目	合计	城市环境基础设施建设投资	老工业污染源治理投资	建设项目竣工验收环保投资
投资额/亿元	8037.4	5210.0	479.8	2347.6
占比/%	—	64.8	6.0	29.2

注：从 2012 年起，城市环境基础设施建设投资中包括城市的环境基础设施建设投资以及县城的相关投资，下同。

6.1.2 各地区环境污染治理投资

2024 年，全国环境污染治理投资总额为 8037.4 亿元，除西藏、天津、青海、海南、吉林、宁夏外，其余 25 个地区环境污染治理投资超过 100 亿元。2024 年各地区环境污染治理投资情况见图 6-1。

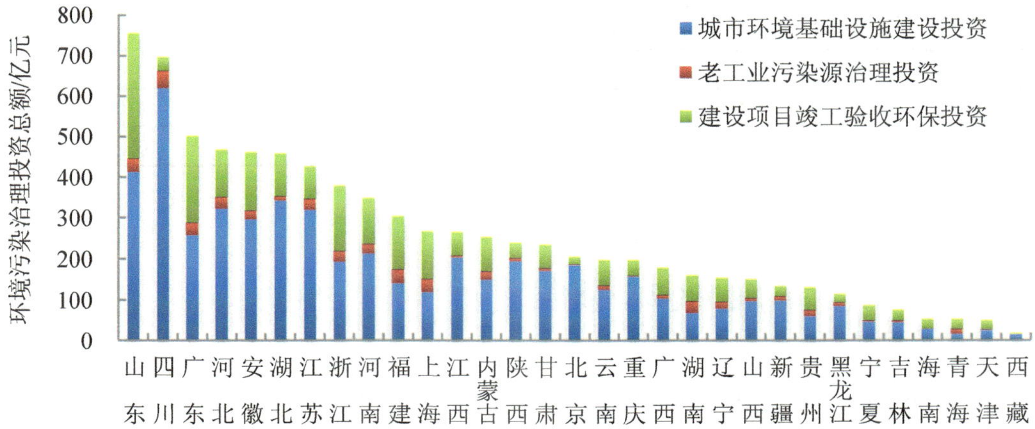

图 6-1　2024 年各地区环境污染治理投资情况

6.2 城市环境基础设施建设投资

2024 年，全国城市环境基础设施建设投资总额为 5210.0 亿元。其中，燃气工程建设投资为 478.9 亿元，集中供热工程建设投资为 551.1 亿元，排水工程建设投资为 2909.0 亿元，园林绿化工程建设投资为 867.5 亿元，市容环境卫生工程建设投资为 403.4 亿元，分别占城市环境基础设施建设投资总额的 9.2%、10.6%、55.8%、16.6%和 7.7%。2024 年全国城市环境基础设施建设投资情况见表 6-2。

表 6-2 2024 年全国城市环境基础设施建设投资情况

项目	合计	燃气	集中供热	排水	园林绿化	市容环境卫生
投资额/亿元	5210.0	478.9	551.1	2909.0	867.5	403.4
占比/%	—	9.2	10.6	55.8	16.6	7.7

6.3 老工业污染源治理投资

2024 年，全国老工业污染源治理施工项目为 4489 个。其中，废水、废气、固体废物、噪声和其他治理项目分别为 546 个、3314 个、96 个、31 个和 502 个，分别占本年施工项目数的 12.2%、73.8%、2.1%、0.7%和 11.2%。

老工业污染源治理投资总额为 479.8 亿元。其中，废水、废气、固体废物、噪声和其他治理项目投资分别为 74.5 亿元、323.2 亿元、19.5 亿元、0.4 亿元和 62.3 亿元，分别占老工业污染源治理投资额的 15.5%、67.4%、4.1%、0.1%和 13.0%。2024 年全国老工业污染源治理投资情况见表 6-3。

表 6-3 2024 年全国老工业污染源治理投资情况

项目	合计	废水	废气	固体废物	噪声	其他
投资额/亿元	479.8	74.5	323.2	19.5	0.4	62.3
占比/%	—	15.5	67.4	4.1	0.1	13.0

6.4 建设项目竣工验收环保投资

2024 年，全国建设项目竣工验收环保投资总额为 2347.6 亿元，占建设项目投资总额的 1.3%。其中，废水、废气、固体废物、噪声和其他环保投资分别为 566.9 亿元、913.8 亿元、94.7 亿元、134.9 亿元和 637.3 亿元，分别占建设项目竣工验收环保投资总额的 24.1%、38.9%、4.0%、5.7%和 27.1%。2024 年全国建设项目竣工验收环保投资情况见表 6-4。

表 6-4　2024 年全国建设项目竣工验收环保投资情况

项目	合计	废水	废气	固体废物	噪声	其他
投资额/亿元	2347.6	566.9	913.8	94.7	134.9	637.3
占比/%	—	24.1	38.9	4.0	5.7	27.1

7

辐射环境水平

7.1 环境电离辐射

2024 年，全国环境电离辐射水平处于本底涨落范围内。环境γ辐射剂量率处于当地天然本底涨落范围内。空气中天然放射性核素铅-210、钋-210、镭-228 等活度浓度处于本底水平，人工放射性核素锶-90、铯-134、铯-137 等活度浓度未见异常。沉降物中天然放射性核素铅-210、镭-228 等日沉降量处于本底水平，人工放射性核素锶-90、铯-134、铯-137 等日沉降量未见异常。空气水分和降水中氚活度浓度未见异常。空气中人工放射性核素碘-131 活度浓度未见异常。

长江、黄河、珠江、松花江、淮河、海河、辽河七大流域和浙闽片河流、西北诸河、西南诸河及重要湖泊（水库）中天然放射性核素铀和钍浓度、镭-226 活度浓度处于本底水平，人工放射性核素锶-90 和铯-137 活度浓度未见异常。地下水中天然放射性核素铀和钍浓度、铅-210、钋-210 和镭-226 活度浓度处于本底水平，总α、总β活度浓度符合《地下水质量标准》（GB/T 14848—2017）的III类标准。城市集中式饮用水水源地水中总α、总β活度浓度处于本底水平。

管辖海域海水中氚、碳-14、锶-90、铯-134、铯-137 等活度浓度未见异常，沉积物中锶-90、铯-134、铯-137 等活度浓度未见异常。近岸海域海洋生物中氚、碳-14、锶-90、铯-134 和铯-137 等活度浓度未见异常。海水中锶-90 和铯-137 等相关人工放射性核素活度浓度远低于《海水水质标准》（GB 3097—1997）。

土壤中天然放射性核素铀-238、钍-232 和镭-226 等活度浓度处于本底水平，人工放射性核素铯-137 活度浓度未见异常。

7.2 核设施周围环境电离辐射

2024 年，运行核电基地、民用研究堆、核燃料循环设施、放射性废物处置设施周围环境γ辐射剂量率，空气、水、土壤、生物等环境介质中与设施活动相关的放射性核素活度浓度总体处于历年范围内。评估结果显示，上述核设施运行对公众造成的辐射剂量远低于国家规定的剂量限值，未对环境安全和公众健康造成影响。

7.3 铀矿冶设施周围环境电离辐射

2024 年，铀矿冶设施周围环境γ辐射剂量率，空气、水、土壤和生物中与设施活动相关的放射性核素活度浓度总体处于历年范围内。

7.4 电磁辐射

2024 年，31 个省（自治区、直辖市）环境电磁辐射国控监测点的电磁辐射水平，监测的广播电视发射设施、输变电设施、移动通信基站周围电磁辐射环境敏感目标处的电磁辐射水平总体符合《电磁环境控制限值》（GB 8702—2014）。

8

全国碳市场建设运行

8.1 全国碳排放权交易市场建设基本情况

2024 年 12 月 31 日，全国碳排放权交易市场第三个履约周期配额清缴及交易相关工作顺利结束。一年来，市场运行平稳有序，市场活力进一步提升，重点排放单位碳减排意识持续加强，配额清缴完成情况全面趋好，多项市场指标取得历史性突破，全国碳排放权交易市场推动全社会实现低成本减排功能不断显现。

截至 2024 年底，全国碳排放权交易市场配额累计成交量 6.3 亿吨，累计成交额 430.3 亿元。其中，2024 年配额成交量 1.88 亿吨、成交额 180.44 亿元，同比分别增长 44%、110%，交易规模持续扩大，创 2021 年市场启动以来新高。2024 年 4 月，交易价格首次突破百元大关。

第三个履约周期纳入全国碳排放权交易市场的重点排放单位共计 2096 家，应清缴配额总量 52.44 亿吨，实际清缴量 52.43 亿吨，配额清缴完成率 99.98%，企业履约率创历史最优水平。

全国碳排放权交易市场经过四年多建设运行，制度体系日趋完善，国务院颁布实施《碳排放权交易管理暂行条例》，作为我国应对气候变化领域的首部专门法规，进一步加强了碳市场的法制保障；数据质量持续改善，数据准确性、规范性、时效性显著提升，基本满足了市场健康平稳运行的需要；市场活力稳步提升，价格“指挥棒”作用逐步显现。全国碳排放权交易市场已经成为推进碳达峰、碳中和的有力举措。

8.2 全国温室气体自愿减排交易市场启动

2024 年 1 月，全国温室气体自愿减排交易市场正式启动，丁薛祥副总理出席启动仪式，标志着我国包括强制市场和自愿市场在内的全国碳市场体系基本构建完成，将利用市场机制激励更多行业企业参与温室气体减排行动。同年，在首批发布的造林碳汇、红树林营造、深远海海上风电、并网光热发电等 4 项方法学的基础上，生态环境部联合国家能源局、国家矿山局、交通运输部编制印发煤矿低浓度瓦斯利用、公路隧道照明系统节能方法学，完成市场首次扩大支持领域。生态环境部指导交易机构发布公告明确交易主体、交易方式，与国家能源局联合印发自愿减排交易机制与绿证衔接通知。市场监管总局会同生态环境部批准能源产业、林业碳汇领域首批 5 家审定与核查机构，中国认证认可协会完成第一批温室气体自愿减排项目核查员注册，全国温室气体自愿减排交易市场涵盖注册登记、交易、审定与核查等全链条制度体系基本构建完成。2024 年 12 月 3 日，首个温室气体自愿减排项目成功登记，标志着全国温室气体自愿减排交易市场推动减排项目落地取得实质进展。

全国温室气体自愿减排交易市场实现稳起步、稳运行，有效促进了我国绿色低碳发展。一是为我国控排企业提供更多样化的减排选择，有效降低企业减排成本，推动实现碳市场低成本降碳的政策目标。二是充分发挥市场机制的激励作用，为减排机理清晰、降碳效果好但减排成本较高的项目提供了额外资金支持，对激励我国更广泛的行业企业参与绿色低碳转型、加快发展新质生产力具有重要意义，为我国实现碳达峰、碳中和目标提供了有力支持。三是成为生态产品价值实现机制的主要渠道，是“绿水青山就是金山银山”理念的直接体现。

9

各地区污染排放及治理统计

各地区主要污染物排放情况（一）
Discharge of Key Pollutants by Region（1）
（2024）

单位：吨 （ton）

年份/地区	Year/Region	化学需氧量排放量 Total Volume of COD Discharged	工业源 Industrial	农业源 Agricultural	生活源 Household	集中式污染治理设施 Centralized Treatment
	2022	**25958408**	**368778**	**17857066**	**7721771**	**10792**
	2023	**29543670**	**325709**	**18970639**	**10241763**	**5559**
	2024	**27998827**	**308038**	**18895837**	**8789567**	**5384**
北　京	BEIJING	114599	1346	12552	100683	17
天　津	TIANJIN	189195	1828	129453	57893	20
河　北	HEBEI	1536069	6716	1175676	353590	87
山　西	SHANXI	793400	3045	576201	214107	47
内蒙古	INNER MONGOLIA	906870	3616	762503	140578	173
辽　宁	LIAONING	1372012	8445	1070649	292424	494
吉　林	JILIN	899449	4641	768267	126426	115
黑龙江	HEILONGJIANG	1004969	5217	816294	183393	67
上　海	SHANGHAI	130709	6156	11434	113040	79
江　苏	JIANGSU	1206340	38261	757037	410914	129
浙　江	ZHEJIANG	514440	36449	96127	381543	321
安　徽	ANHUI	1397464	11455	894348	491578	83
福　建	FUJIAN	602380	15589	207061	379620	110
江　西	JIANGXI	1044465	12988	693244	338135	98
山　东	SHANDONG	1542184	30976	1034455	476690	63
河　南	HENAN	1699957	9440	1233934	456408	176
湖　北	HUBEI	1490235	10493	1171085	308587	70
湖　南	HUNAN	1732340	7542	1232673	491886	239
广　东	GUANGDONG	1706500	33417	842651	830230	203
广　西	GUANGXI	1005915	15565	551057	439020	272
海　南	HAINAN	175979	3096	109252	63613	18
重　庆	CHONGQING	429462	6502	209566	213302	91
四　川	SICHUAN	1473764	12146	875958	585350	310
贵　州	GUIZHOU	1179543	2598	888887	287731	327
云　南	YUNNAN	772366	6212	418542	346578	1034
西　藏	XIZANG	506406	68	445461	60771	107
陕　西	SHAANXI	400614	4380	163394	232613	228
甘　肃	GANSU	920791	2094	783096	135388	214
青　海	QINGHAI	281929	445	244615	36784	84
宁　夏	NINGXIA	263736	1574	216363	45748	50
新　疆	XINJIANG	704744	5737	504005	194945	57

注：2023年起工业废水统计调查范围为重点调查单位，不含非重点调查单位，下同。

各地区主要污染物排放情况（二）
Discharge of Key Pollutants by Region（2）
（2024）

单位：吨　　　　　　　　　　　　　　　　　　　　　　　　　　（ton）

年份/地区	Year/Region	氨氮排放量 Total Volume of Ammonia Nitrogen Discharged	工业源 Industrial	农业源 Agricultural	生活源 Household	集中式污染治理设施 Centralized Treatment
	2022	**820341**	**13621**	**280577**	**525012**	**1131**
	2023	**1193435**	**11710**	**292283**	**888532**	**911**
	2024	**1058761**	**10090**	**292940**	**754875**	**856**
北　京	BEIJING	9356	24	171	9161	…
天　津	TIANJIN	6831	29	1163	5636	3
河　北	HEBEI	42970	209	15588	27169	4
山　西	SHANXI	23752	100	6223	17419	9
内蒙古	INNER MONGOLIA	21551	122	10269	11141	19
辽　宁	LIAONING	33058	236	9103	23666	53
吉　林	JILIN	15345	203	6727	8405	10
黑龙江	HEILONGJIANG	22391	417	9477	12490	7
上　海	SHANGHAI	9887	152	304	9430	1
江　苏	JIANGSU	50491	944	16275	33266	6
浙　江	ZHEJIANG	39375	536	6277	32543	18
安　徽	ANHUI	59516	513	18925	40066	12
福　建	FUJIAN	48195	465	12107	35604	19
江　西	JIANGXI	48684	764	16629	31270	22
山　东	SHANDONG	55320	749	16909	37660	2
河　南	HENAN	46992	349	15619	31000	25
湖　北	HUBEI	48609	457	22460	25681	10
湖　南	HUNAN	70723	324	26916	43424	59
广　东	GUANGDONG	97879	1073	16906	79877	23
广　西	GUANGXI	59270	520	16647	42041	62
海　南	HAINAN	8004	87	1893	6021	3
重　庆	CHONGQING	24196	236	3815	20138	7
四　川	SICHUAN	67372	477	11948	54903	44
贵　州	GUIZHOU	34203	242	6861	27046	55
云　南	YUNNAN	39132	328	6922	31644	239
西　藏	XIZANG	9368	2	3337	6005	23
陕　西	SHAANXI	20984	146	1954	18840	43
甘　肃	GANSU	12589	112	3669	8763	45
青　海	QINGHAI	4158	33	1241	2871	14
宁　夏	NINGXIA	4852	34	1043	3765	10
新　疆	XINJIANG	23707	206	5563	17932	6

各地区主要污染物排放情况（三）
Discharge of Key Pollutants by Region（3）
（2024）

单位：吨 （ton）

年份/地区	Year/Region	二氧化硫排放量 Total Volume of Sulphur Dioxide Discharged	工业源 Industrial	生活源 Household	集中式污染治理设施 Centralized Treatment
	2022	**2435242**	**1834938**	**597065**	**3239**
	2023	**2379729**	**1803205**	**574328**	**2196**
	2024	**2222770**	**1691491**	**529622**	**1657**
北　京	BEIJING	1063	951	101	11
天　津	TIANJIN	6117	5995	108	14
河　北	HEBEI	137155	119133	17977	45
山　西	SHANXI	121305	87254	34011	40
内蒙古	INNER MONGOLIA	208185	137584	70524	76
辽　宁	LIAONING	108779	69154	39511	114
吉　林	JILIN	52205	33673	18486	47
黑龙江	HEILONGJIANG	92606	40038	52485	83
上　海	SHANGHAI	6551	6462	77	11
江　苏	JIANGSU	66248	63381	2756	112
浙　江	ZHEJIANG	36421	35735	590	96
安　徽	ANHUI	66508	64657	1830	20
福　建	FUJIAN	53596	47552	6004	40
江　西	JIANGXI	77463	49040	28364	60
山　东	SHANDONG	125737	95921	29745	71
河　南	HENAN	55187	48799	6375	14
湖　北	HUBEI	75837	41862	33940	35
湖　南	HUNAN	61011	30332	30676	3
广　东	GUANGDONG	69160	59117	9764	279
广　西	GUANGXI	84968	72358	12603	7
海　南	HAINAN	2944	2944	…	…
重　庆	CHONGQING	32474	28583	3879	12
四　川	SICHUAN	88742	68235	20311	195
贵　州	GUIZHOU	133711	98422	35284	4
云　南	YUNNAN	152681	123663	29000	18
西　藏	XIZANG	3132	1302	1829	1
陕　西	SHAANXI	63392	46257	16919	216
甘　肃	GANSU	76461	65157	11303	2
青　海	QINGHAI	40820	39659	1147	15
宁　夏	NINGXIA	46562	44618	1940	4
新　疆	XINJIANG	75750	63652	12082	16

各地区主要污染物排放情况（四）
Discharge of Key Pollutants by Region（4）
（2024）

单位：吨 （ton）

年份/地区	Year/Region	氮氧化物排放量 Total Volume of Nitrogen Oxide Discharged	工业源 Industrial	生活源 Household	移动源 Mobile Source	集中式污染治理设施 Centralized Treatment
	2022	**8957397**	**3332578**	**338840**	**5266782**	**19198**
	2023	**9578118**	**3283315**	**341109**	**5941858**	**11835**
	2024	**8866085**	**3096023**	**332602**	**5428583**	**8877**
北　京	BEIJING	89928	9242	8219	72401	66
天　津	TIANJIN	98649	20105	2727	75706	110
河　北	HEBEI	768544	229535	24778	514018	213
山　西	SHANXI	359357	152819	15638	190766	134
内蒙古	INNER MONGOLIA	384106	218521	41618	123763	203
辽　宁	LIAONING	467520	153759	15424	297568	769
吉　林	JILIN	191647	70494	10087	110850	216
黑龙江	HEILONGJIANG	234751	80555	30668	123129	400
上　海	SHANGHAI	118640	23244	4339	90611	447
江　苏	JIANGSU	419034	144691	9014	264177	1152
浙　江	ZHEJIANG	361365	96207	2029	262287	842
安　徽	ANHUI	356596	130970	7213	218186	226
福　建	FUJIAN	230402	111498	3058	115620	227
江　西	JIANGXI	282853	99130	9327	174132	263
山　东	SHANDONG	830556	213617	18492	598087	360
河　南	HENAN	443905	97375	6833	339600	97
湖　北	HUBEI	285165	81379	13184	190409	193
湖　南	HUNAN	218837	66377	11593	140816	51
广　东	GUANGDONG	583373	185646	10502	385524	1701
广　西	GUANGXI	273874	134599	4039	135190	46
海　南	HAINAN	48225	14262	836	33125	2
重　庆	CHONGQING	149961	49454	6303	94126	78
四　川	SICHUAN	319926	99237	19275	201138	276
贵　州	GUIZHOU	210744	99566	5856	105292	29
云　南	YUNNAN	242041	109048	6687	126245	61
西　藏	XIZANG	40576	6286	382	33899	9
陕　西	SHAANXI	267942	95161	13598	158643	541
甘　肃	GANSU	168104	73172	7719	87188	24
青　海	QINGHAI	54065	22797	5020	26232	16
宁　夏	NINGXIA	119703	70688	3174	45828	13
新　疆	XINJIANG	245700	136585	14972	94031	112

注：2023年起移动源统计调查范围包括机动车、非道路移动机械（工程机械）、沥青道路铺装和储油库，移动源氮氧化物、颗粒物数据口径包括机动车、非道路移动机械（工程机械），下同。

各地区主要污染物排放情况（五）

Discharge of Key Pollutants by Region（5）

（2024）

单位：吨 （ton）

年份/地区	Year/Region	颗粒物排放量 Total Volume of Particulate Matter Discharged	工业源 Industrial	生活源 Household	移动源 Mobile Source	集中式污染治理设施 Centralized Treatment
	2022	**4933809**	**3056954**	**1823435**	**52561**	**858**
	2023	**4984277**	**3072609**	**1797164**	**113991**	**513**
	2024	**4697887**	**2899572**	**1687689**	**110143**	**483**
北　京	BEIJING	4185	1024	1236	1920	4
天　津	TIANJIN	9431	6187	1307	1933	3
河　北	HEBEI	242870	142524	91217	9113	17
山　西	SHANXI	229474	139519	85596	4355	4
内蒙古	INNER MONGOLIA	1101554	746114	352875	2550	15
辽　宁	LIAONING	210250	105778	99190	5250	32
吉　林	JILIN	152824	76891	74118	1810	6
黑龙江	HEILONGJIANG	316576	51516	262586	2462	12
上　海	SHANGHAI	9507	7645	697	1157	8
江　苏	JIANGSU	84836	68332	11724	4706	74
浙　江	ZHEJIANG	56225	48590	1852	5738	46
安　徽	ANHUI	100677	77962	18751	3952	12
福　建	FUJIAN	74341	59199	12167	2965	10
江　西	JIANGXI	130071	69482	57007	3565	16
山　东	SHANDONG	167705	73562	80205	13913	25
河　南	HENAN	65907	46662	12095	7140	10
湖　北	HUBEI	117939	45187	68399	4342	11
湖　南	HUNAN	124980	44090	76975	3912	2
广　东	GUANGDONG	107361	71657	28569	7071	64
广　西	GUANGXI	81456	54027	25321	2105	3
海　南	HAINAN	7049	5913	77	1060	…
重　庆	CHONGQING	36899	29886	5093	1901	19
四　川	SICHUAN	125988	86918	32689	6351	30
贵　州	GUIZHOU	86391	45254	39346	1786	6
云　南	YUNNAN	159641	109591	48459	1573	19
西　藏	XIZANG	9084	5686	2821	576	1
陕　西	SHAANXI	117748	65851	49089	2792	16
甘　肃	GANSU	97311	50033	45457	1819	2
青　海	QINGHAI	42667	30622	11794	245	6
宁　夏	NINGXIA	48150	37824	9889	436	1
新　疆	XINJIANG	578791	496048	81090	1644	9

各地区工业废水排放及处理情况（一）
Discharge and Treatment of Industrial Waste Water by Region（1）
（2024）

年份/地区	Year/Region	汇总工业企业数/家 Number of Industrial Enterprises Investigated（unit）	工业废水中污染物排放量/吨 Amount of Pollutants Discharged in the Industrial Waste Water（ton）			
			化学需氧量 COD	氨氮 Ammonia Nitrogen	总氮 Total Nitrogen	总磷 Total Phosphorus
	2022	**176528**	**368778**	**13621**	**90759**	**2460**
	2023	**179236**	**325709**	**11710**	**75517**	**2115**
	2024	**178233**	**308038**	**10090**	**73895**	**1940**
北　京	BEIJING	1830	1346	24	687	8
天　津	TIANJIN	2968	1828	29	596	10
河　北	HEBEI	11679	6716	209	2009	47
山　西	SHANXI	4965	3045	100	912	24
内蒙古	INNER MONGOLIA	3382	3616	122	989	29
辽　宁	LIAONING	5612	8445	236	2145	96
吉　林	JILIN	1757	4641	203	996	28
黑龙江	HEILONGJIANG	1541	5217	417	1665	40
上　海	SHANGHAI	3438	6156	152	2055	26
江　苏	JIANGSU	18586	38261	944	7855	181
浙　江	ZHEJIANG	18426	36449	536	8801	103
安　徽	ANHUI	8574	11455	513	2912	97
福　建	FUJIAN	5866	15589	465	2788	89
江　西	JIANGXI	7577	12988	764	2481	88
山　东	SHANDONG	12727	30976	749	8832	188
河　南	HENAN	7690	9440	349	2817	62
湖　北	HUBEI	5212	10493	457	3309	82
湖　南	HUNAN	5178	7542	324	1395	63
广　东	GUANGDONG	18578	33417	1073	8296	217
广　西	GUANGXI	3579	15565	520	2529	114
海　南	HAINAN	593	3096	87	427	12
重　庆	CHONGQING	2975	6502	236	1848	41
四　川	SICHUAN	9758	12146	477	2455	107
贵　州	GUIZHOU	1966	2598	242	557	26
云　南	YUNNAN	3787	6212	328	1184	48
西　藏	XIZANG	243	68	2	11	1
陕　西	SHAANXI	3002	4380	146	1031	38
甘　肃	GANSU	2206	2094	112	760	15
青　海	QINGHAI	510	445	33	102	2
宁　夏	NINGXIA	1153	1574	34	421	11
新　疆	XINJIANG	2875	5737	206	1031	45

注：2023年起工业废水统计调查范围为重点调查单位，不含非重点调查单位，下同。

各地区工业废水排放及处理情况（二）
Discharge and Treatment of Industrial Waste Water by Region（2）
（2024）

单位：千克 （kg）

年份/地区	Year/Region	工业废水中污染物排放量 Amount of Pollutants Discharged in the Industrial Waste Water			
		石油类 Petroleum	挥发酚 Volatile Phenol	氰化物 Cyanide	重金属 Heavy Metal
	2022	**1557551**	**45009**	**22317**	**45094**
	2023	**1514857**	**48567**	**22594**	**38835**
	2024	**1564477**	**47805**	**22824**	**35720**
北 京	BEIJING	4314	131	19	15
天 津	TIANJIN	4236	23	50	183
河 北	HEBEI	100589	6785	3504	762
山 西	SHANXI	23872	2713	2215	785
内蒙古	INNER MONGOLIA	6252	186	95	62
辽 宁	LIAONING	115507	7655	757	704
吉 林	JILIN	28889	449	269	298
黑龙江	HEILONGJIANG	15140	1123	138	23
上 海	SHANGHAI	19579	324	248	311
江 苏	JIANGSU	112569	2442	1062	961
浙 江	ZHEJIANG	124713	1013	1336	2196
安 徽	ANHUI	118541	1106	814	2144
福 建	FUJIAN	45065	500	951	2065
江 西	JIANGXI	100782	8501	841	4047
山 东	SHANDONG	108277	2390	881	3104
河 南	HENAN	46678	78	344	1090
湖 北	HUBEI	57178	1035	1733	1306
湖 南	HUNAN	71660	908	451	3110
广 东	GUANGDONG	121082	1764	4234	5835
广 西	GUANGXI	23093	377	920	1363
海 南	HAINAN	1800	127	33	29
重 庆	CHONGQING	115205	3659	481	205
四 川	SICHUAN	80628	784	91	722
贵 州	GUIZHOU	14166	328	397	656
云 南	YUNNAN	28565	315	149	1548
西 藏	XIZANG	25	0	0	10
陕 西	SHAANXI	28422	1197	321	989
甘 肃	GANSU	12198	542	105	781
青 海	QINGHAI	2758	298	80	44
宁 夏	NINGXIA	6252	182	151	13
新 疆	XINJIANG	26442	868	157	357

各地区工业废气排放及处理情况
Discharge and Treatment of Industrial Waste Gas by Region
（2024）

单位：吨 （ton）

年份/地区	Year/Region	工业废气中污染物排放量 Volume of Pollutants Emission in the Industrial Waste Gas			
		二氧化硫 Sulphur Dioxide	氮氧化物 Nitrogen Oxide	颗粒物 Particulate Matter	挥发性有机物 Volatile Organic Compounds
	2022	**1834938**	**3332578**	**3056954**	**1954839**
	2023	**1803205**	**3283315**	**3072609**	**2144215**
	2024	**1691491**	**3096023**	**2899572**	**2224381**
北　京	BEIJING	951	9242	1024	12390
天　津	TIANJIN	5995	20105	6187	23869
河　北	HEBEI	119133	229535	142524	129219
山　西	SHANXI	87254	152819	139519	94602
内蒙古	INNER MONGOLIA	137584	218521	746114	129133
辽　宁	LIAONING	69154	153759	105778	88786
吉　林	JILIN	33673	70494	76891	22901
黑龙江	HEILONGJIANG	40038	80555	51516	25752
上　海	SHANGHAI	6462	23244	7645	30338
江　苏	JIANGSU	63381	144691	68332	190976
浙　江	ZHEJIANG	35735	96207	48590	174479
安　徽	ANHUI	64657	130970	77962	106000
福　建	FUJIAN	47552	111498	59199	76971
江　西	JIANGXI	49040	99130	69482	69740
山　东	SHANDONG	95921	213617	73562	209054
河　南	HENAN	48799	97375	46662	59954
湖　北	HUBEI	41862	81379	45187	61904
湖　南	HUNAN	30332	66377	44090	48225
广　东	GUANGDONG	59117	185646	71657	199104
广　西	GUANGXI	72358	134599	54027	64321
海　南	HAINAN	2944	14262	5913	10169
重　庆	CHONGQING	28583	49454	29886	42848
四　川	SICHUAN	68235	99237	86918	75482
贵　州	GUIZHOU	98422	99566	45254	17581
云　南	YUNNAN	123663	109048	109591	39363
西　藏	XIZANG	1302	6286	5686	489
陕　西	SHAANXI	46257	95161	65851	63428
甘　肃	GANSU	65157	73172	50033	28107
青　海	QINGHAI	39659	22797	30622	5630
宁　夏	NINGXIA	44618	70688	37824	55542
新　疆	XINJIANG	63652	136585	496048	68022

各地区工业污染治理情况（一）
Treatment of Industrial Pollution by Region（1）
（2024）

年份/地区	Year/Region	废水治理设施数/套 Number of Facilities for Treatment of Waste Water（set）	废水治理设施治理能力/（万吨/日） Capacity of Facilities For Treatment of Waste Water（10000 tons/day）	工业废水治理设施运行费用/万元 Annual Expenditure for Operation（10000 yuan）
	2022	**72848**	**18378.8**	**7139186.3**
	2023	**79879**	**20093.0**	**7959053.2**
	2024	**82130**	**20379.1**	**8502770.1**
北　京	BEIJING	528	59.1	42189.2
天　津	TIANJIN	1042	86.6	89666.4
河　北	HEBEI	3779	1753.1	430472.4
山　西	SHANXI	1908	605.9	230231.1
内蒙古	INNER MONGOLIA	1574	626.2	469786.2
辽　宁	LIAONING	1985	965.1	317169.2
吉　林	JILIN	668	149.8	55088.2
黑龙江	HEILONGJIANG	856	594.7	144192.0
上　海	SHANGHAI	1840	174.8	158742.0
江　苏	JIANGSU	9425	1333.1	844402.5
浙　江	ZHEJIANG	9551	1169.4	815904.5
安　徽	ANHUI	4189	1213.6	357381.5
福　建	FUJIAN	3575	1644.3	312980.1
江　西	JIANGXI	3385	702.6	283094.2
山　东	SHANDONG	6768	1691.2	847376.7
河　南	HENAN	2908	963.1	267154.3
湖　北	HUBEI	2801	828.1	328137.8
湖　南	HUNAN	2202	383.7	129779.4
广　东	GUANGDONG	8530	1028.5	732777.1
广　西	GUANGXI	1589	792.4	157902.4
海　南	HAINAN	316	82.5	26309.6
重　庆	CHONGQING	1641	146.7	97200.0
四　川	SICHUAN	3944	1112.0	332900.7
贵　州	GUIZHOU	979	514.4	94325.1
云　南	YUNNAN	1865	577.5	147019.2
西　藏	XIZANG	55	5.4	1203.2
陕　西	SHAANXI	1541	469.6	298169.3
甘　肃	GANSU	886	137.7	90798.0
青　海	QINGHAI	202	32.3	20040.3
宁　夏	NINGXIA	471	169.2	137836.5
新　疆	XINJIANG	1127	366.7	242541.1

注：废水治理设施相关指标数据口径为工业重点调查单位中有任意一项废水污染物产生或者排放的企业（即涉水企业），下同。

各地区工业污染治理情况（二）
Treatment of Industrial Pollution by Region（2）
（2024）

年份/地区	Year/Region	废气治理设施数/套 Facilities for Treatment of Waste Gas（set）	脱硫设施 Desulfurization Facilities	脱硝设施 Denitrification Facilities	除尘设施 Dedusting Facilities	VOCs 治理设施 VOCs Treatment Facilities	废气治理设施运行费用/万元 Annual Expenditure for Operation（10000 yuan）
	2022	**394538**	**34093**	**24136**	**183427**	**109827**	**22343440.7**
	2023	**442039**	**36312**	**26385**	**202075**	**126961**	**24157984.3**
	2024	**463776**	**36274**	**27973**	**208292**	**136004**	**24943925.3**
北 京	BEIJING	3303	41	97	1391	1299	77993.8
天 津	TIANJIN	8377	270	273	3614	3474	423709.6
河 北	HEBEI	37828	1940	3346	20923	8961	2399504.2
山 西	SHANXI	14458	1653	1548	9608	1068	1132804.1
内蒙古	INNER MONGOLIA	10324	1925	1007	6458	503	1113754.4
辽 宁	LIAONING	13739	2036	1458	7421	1995	933763.4
吉 林	JILIN	3691	706	382	1866	486	183201.1
黑龙江	HEILONGJIANG	4777	930	844	2663	247	256069.2
上 海	SHANGHAI	13090	174	434	4472	5760	628447.9
江 苏	JIANGSU	50185	1691	1413	16255	21768	2547045.6
浙 江	ZHEJIANG	40793	1547	824	14582	16967	1526041.0
安 徽	ANHUI	24016	1557	971	11852	7097	1211806.2
福 建	FUJIAN	15805	1446	599	6766	5275	687420.6
江 西	JIANGXI	15024	1504	400	7000	4095	652868.3
山 东	SHANDONG	50307	3510	5680	23609	13610	2698040.5
河 南	HENAN	19177	1824	1741	9831	4271	1024066.9
湖 北	HUBEI	13820	977	654	6615	3753	819692.1
湖 南	HUNAN	10133	1228	503	5017	2539	515126.3
广 东	GUANGDONG	48359	2588	1145	13937	20857	1634716.8
广 西	GUANGXI	6077	874	297	3356	960	494384.6
海 南	HAINAN	877	102	60	548	94	106634.3
重 庆	CHONGQING	6284	510	255	2724	1571	303537.2
四 川	SICHUAN	19495	1791	931	8871	5724	695560.2
贵 州	GUIZHOU	2564	479	229	1267	327	487960.4
云 南	YUNNAN	7503	1247	253	4972	483	454912.5
西 藏	XIZANG	210	28	22	145	6	6256.1
陕 西	SHAANXI	7190	805	682	3458	1377	524491.7
甘 肃	GANSU	4733	900	454	2569	456	357966.9
青 海	QINGHAI	1518	150	118	1060	98	87988.6
宁 夏	NINGXIA	3787	624	356	2121	419	384850.3
新 疆	XINJIANG	6332	1217	997	3321	464	573310.3

注：废气治理设施相关指标数据口径为工业重点调查单位中有任意一项废气污染物产生或者排放的企业（即涉气企业），废气治理设施数包括脱硫设施、脱硝设施、除尘设施、VOCs 治理设施和其他设施数，下同。

各地区一般工业固体废物产生及利用处置情况
Generation and Utilization of Industrial Solid Wastes by Region
（2024）

单位：万吨　　　　（10000 tons）

年份/地区	Year/Region	一般工业固体废物产生量 Industrial Solid Wastes Generated	一般工业固体废物综合利用量 Industrial Solid Wastes Utilized	一般工业固体废物处置量 Industrial Solid Wastes Disposed
	2022	**411371**	**237025**	**88761**
	2023	**427001**	**258123**	**83252**
	2024	**440210**	**265381**	**79770**
北　京	BEIJING	197	184	12
天　津	TIANJIN	2134	2130	5
河　北	HEBEI	50982	23034	8442
山　西	SHANXI	47402	21468	22161
内蒙古	INNER MONGOLIA	42490	20534	12133
辽　宁	LIAONING	23322	13439	3708
吉　林	JILIN	6053	2740	1476
黑龙江	HEILONGJIANG	10419	4097	447
上　海	SHANGHAI	2174	2070	104
江　苏	JIANGSU	14110	13334	731
浙　江	ZHEJIANG	5940	5922	19
安　徽	ANHUI	16630	15630	584
福　建	FUJIAN	7290	6554	411
江　西	JIANGXI	13124	6466	653
山　东	SHANDONG	27063	22290	1101
河　南	HENAN	18300	15275	1411
湖　北	HUBEI	10694	8520	831
湖　南	HUNAN	4775	3611	539
广　东	GUANGDONG	8464	7159	963
广　西	GUANGXI	12438	6695	1414
海　南	HAINAN	593	413	184
重　庆	CHONGQING	3023	2268	720
四　川	SICHUAN	15766	7420	4015
贵　州	GUIZHOU	13266	8838	1881
云　南	YUNNAN	17849	9816	5860
西　藏	XIZANG	6962	295	26
陕　西	SHAANXI	15004	8813	3293
甘　肃	GANSU	7456	2915	1603
青　海	QINGHAI	15913	11987	149
宁　夏	NINGXIA	8571	5476	2658
新　疆	XINJIANG	11805	5989	2236

各地区工业危险废物产生及利用处置情况

Generation and Utilization of Hazardous Wastes by Region

（2024）

单位：万吨　　　　（10000 tons）

年份/地区	Year/Region	危险废物产生量 Hazardous Wastes Generated	危险废物利用处置量 Hazardous Wastes Utilized and Disposed
	2022	**9515**	**9444**
	2023	**10547**	**10503**
	2024	**11960**	**11816**
北　京	BEIJING	31	30
天　津	TIANJIN	107	107
河　北	HEBEI	741	742
山　西	SHANXI	528	527
内蒙古	INNER MONGOLIA	698	697
辽　宁	LIAONING	312	290
吉　林	JILIN	313	313
黑龙江	HEILONGJIANG	124	122
上　海	SHANGHAI	151	151
江　苏	JIANGSU	778	779
浙　江	ZHEJIANG	634	639
安　徽	ANHUI	385	376
福　建	FUJIAN	211	211
江　西	JIANGXI	292	298
山　东	SHANDONG	1281	1296
河　南	HENAN	469	464
湖　北	HUBEI	285	283
湖　南	HUNAN	384	393
广　东	GUANGDONG	645	646
广　西	GUANGXI	527	539
海　南	HAINAN	24	24
重　庆	CHONGQING	139	142
四　川	SICHUAN	690	703
贵　州	GUIZHOU	96	96
云　南	YUNNAN	281	284
西　藏	XIZANG	1	1
陕　西	SHAANXI	232	314
甘　肃	GANSU	260	267
青　海	QINGHAI	409	148
宁　夏	NINGXIA	167	168
新　疆	XINJIANG	765	762

各地区工业污染防治投资情况（一）

Treatment Investment for Industrial Pollution by Region（1）

（2024）

单位：个 （unit）

年份/地区	Year/Region	涉投资工业企业数 Number of Industrial Enterprises Collected	本年施工项目总数 Number of Projects Under Construction	工业废水治理项目 Treatment of Waste Water	工业废气治理项目 Treatment of Waste Gas	脱硫治理项目 Treatment of Desulfurization	脱硝治理项目 Treatment of Denitration	工业固体废物治理项目 Treatment of Solid Wastes	噪声治理项目 Treatment of Noise Pollution	其他治理项目 Treatment of Other Pollution
	2022	**3550**	**3158**	**378**	**2144**	**241**	**189**	**102**	**35**	**499**
	2023	**3320**	**5174**	**792**	**3360**	**270**	**273**	**177**	**40**	**805**
	2024	**2697**	**4489**	**546**	**3314**	**321**	**309**	**96**	**31**	**502**
北　京	BEIJING	32	54	5	48	0	1	0	0	1
天　津	TIANJIN	31	45	2	34	0	5	1	0	8
河　北	HEBEI	113	273	13	240	22	25	1	0	19
山　西	SHANXI	41	94	5	61	7	11	5	1	22
内蒙古	INNER MONGOLIA	67	114	13	84	16	14	6	2	9
辽　宁	LIAONING	83	171	13	136	35	32	4	2	16
吉　林	JILIN	25	36	5	26	4	7	1	0	4
黑龙江	HEILONGJIANG	57	118	4	107	22	18	1	0	6
上　海	SHANGHAI	76	149	17	109	0	0	2	2	19
江　苏	JIANGSU	202	302	39	209	5	7	9	2	43
浙　江	ZHEJIANG	354	502	118	348	15	12	7	1	28
安　徽	ANHUI	65	96	13	72	8	6	4	1	6
福　建	FUJIAN	198	396	32	337	29	15	5	3	19
江　西	JIANGXI	51	113	19	67	10	4	5	2	20
山　东	SHANDONG	162	287	28	236	16	35	4	1	18
河　南	HENAN	121	188	18	136	16	18	3	1	30
湖　北	HUBEI	132	206	20	164	13	16	4	2	16
湖　南	HUNAN	87	137	14	102	26	6	5	0	16
广　东	GUANGDONG	255	355	34	289	6	20	3	2	27
广　西	GUANGXI	15	23	2	13	1	3	2	0	6
海　南	HAINAN	8	9	4	4	1	0	0	0	1
重　庆	CHONGQING	20	26	4	19	0	2	0	1	2
四　川	SICHUAN	144	205	21	161	15	16	2	0	21
贵　州	GUIZHOU	55	80	35	20	4	3	0	1	24
云　南	YUNNAN	74	116	12	58	15	2	2	5	39
西　藏	XIZANG	1	1	0	1	0	0	0	0	0
陕　西	SHAANXI	77	123	30	73	8	2	4	0	16
甘　肃	GANSU	31	49	6	25	4	6	2	0	16
青　海	QINGHAI	33	52	7	26	10	0	9	1	9
宁　夏	NINGXIA	19	47	0	43	4	6	2	0	2
新　疆	XINJIANG	68	122	13	66	9	17	3	1	39

注：工业废气治理项目包括脱硫治理、脱硝治理、VOCs 治理和其他治理项目，下同。

各地区工业污染防治投资情况（二）
Treatment Investment for Industrial Pollution by Region（2）
（2024）

单位：个 （unit）

年份/地区	Year/Region	本年竣工项目总数 Number of Projects Completed	工业废水治理项目 Treatment of Waste Water	工业废气治理项目 Treatment of Waste Gas	脱硫治理项目 Treatment of Desulfurization	脱硝治理项目 Treatment of Denitration	工业固体废物治理项目 Treatment of Solid Wastes	噪声治理项目 Treatment of Noise Pollution	其他治理项目 Treatment of Other Pollution
	2022	**2418**	**274**	**1656**	**179**	**154**	**81**	**29**	**378**
	2023	**4428**	**658**	**2883**	**224**	**233**	**147**	**38**	**702**
	2024	**3756**	**454**	**2775**	**259**	**249**	**82**	**28**	**417**
北　京	BEIJING	47	5	41	0	0	0	0	1
天　津	TIANJIN	38	1	29	0	4	1	0	7
河　北	HEBEI	249	12	221	21	20	1	0	15
山　西	SHANXI	79	3	55	6	9	3	1	17
内蒙古	INNER MONGOLIA	79	11	54	13	6	5	2	7
辽　宁	LIAONING	158	12	126	32	29	3	2	15
吉　林	JILIN	27	4	20	1	5	1	0	2
黑龙江	HEILONGJIANG	108	3	101	22	18	1	0	3
上　海	SHANGHAI	136	16	101	0	0	2	1	16
江　苏	JIANGSU	231	31	153	3	5	6	2	39
浙　江	ZHEJIANG	404	91	286	12	9	5	1	21
安　徽	ANHUI	75	11	55	6	5	3	1	5
福　建	FUJIAN	350	27	299	26	12	4	3	17
江　西	JIANGXI	103	16	60	8	2	5	2	20
山　东	SHANDONG	244	23	205	15	31	4	1	11
河　南	HENAN	148	16	99	9	10	3	1	29
湖　北	HUBEI	164	15	132	9	13	3	2	12
湖　南	HUNAN	105	13	73	16	3	5	0	14
广　东	GUANGDONG	304	29	248	6	20	3	2	22
广　西	GUANGXI	19	1	12	1	3	2	0	4
海　南	HAINAN	7	4	2	1	0	0	0	1
重　庆	CHONGQING	23	4	16	0	1	0	1	2
四　川	SICHUAN	164	15	130	13	14	2	0	17
贵　州	GUIZHOU	72	32	17	4	3	0	1	22
云　南	YUNNAN	92	11	46	14	2	2	3	30
西　藏	XIZANG	1	0	1	0	0	0	0	0
陕　西	SHAANXI	105	28	62	7	1	3	0	12
甘　肃	GANSU	38	5	16	2	4	2	0	15
青　海	QINGHAI	44	7	19	4	0	8	1	9
宁　夏	NINGXIA	43	0	41	3	6	2	0	0
新　疆	XINJIANG	99	8	55	5	14	3	1	32

各地区工业污染防治投资情况（三）
Treatment Investment for Industrial Pollution by Region（3）
（2024）

单位：万元 （10000 yuan）

年份/地区	Year/Region	治理项目本年完成投资 Investment Completed in the Treatment of Industrial Pollution This Year	工业废水治理项目 Treatment of Waste Water	工业废气治理项目 Treatment of Waste Gas	脱硫治理项目 Treatment of Desulfurization	脱硝治理项目 Treatment of Denitration	工业固体废物治理项目 Treatment of Solid Wastes	噪声治理项目 Treatment of Noise Pollution	其他治理项目 Treatment of Other Pollution
	2022	**2857076.9**	**377220.2**	**1984250.9**	**356466.5**	**291751.3**	**125753.7**	**4212.7**	**365639.6**
	2023	**3624239.3**	**809613.7**	**2043227.4**	**392902.1**	**304742.7**	**118404.9**	**5319.1**	**647674.2**
	2024	**4797646.7**	**744752.7**	**3231675.5**	**436282.6**	**524503.1**	**194667.1**	**3855.8**	**622695.6**
北　京	BEIJING	4657.9	1055.0	3594.9	0.0	140.0	0.0	0.0	8.0
天　津	TIANJIN	12807.4	31.0	7307.3	0.0	1449.1	8.0	0.0	5461.1
河　北	HEBEI	289887.7	11374.9	250213.9	65982.8	78070.8	100.0	0.0	28198.9
山　西	SHANXI	73551.7	3632.2	9378.1	1136.5	4303.6	6101.1	189.1	54251.2
内蒙古	INNER MONGOLIA	193969.1	10609.5	127770.2	17415.3	11290.1	49038.0	21.0	6530.4
辽　宁	LIAONING	178226.3	13466.1	143280.0	57317.2	33111.8	2426.1	97.5	18956.6
吉　林	JILIN	47042.3	8486.0	32393.3	4841.7	17038.0	10.0	0.0	6153.0
黑龙江	HEILONGJIANG	96648.6	2645.3	90764.6	19368.2	6789.8	776.6	0.0	2462.1
上　海	SHANGHAI	315780.2	40477.8	235817.8	0.0	0.0	165.7	33.1	39285.8
江　苏	JIANGSU	276679.7	31109.9	191956.1	27889.0	20554.2	10687.6	304.0	42622.1
浙　江	ZHEJIANG	247092.3	71380.9	120402.1	8009.5	11664.0	13461.0	9.5	41838.7
安　徽	ANHUI	211039.6	15252.2	188767.0	32001.3	3510.7	4412.0	5.0	2603.3
福　建	FUJIAN	346087.4	34676.4	304189.6	16073.0	155655.3	1765.0	2187.0	3269.4
江　西	JIANGXI	47662.8	2977.2	40311.0	6266.0	7682.6	1244.0	315.0	2815.5
山　东	SHANDONG	326397.8	75744.7	238477.4	9258.0	19732.2	1535.0	34.0	10606.8
河　南	HENAN	223399.8	19170.3	161094.6	10812.7	14979.8	861.8	2.5	42270.6
湖　北	HUBEI	105260.1	25572.1	68982.3	17993.6	5161.0	446.8	114.2	10144.9
湖　南	HUNAN	298432.7	5063.0	216775.5	33468.7	6421.8	53423.8	0.0	23170.5
广　东	GUANGDONG	305089.5	175457.1	96588.3	751.4	12259.2	50.2	90.2	32903.7
广　西	GUANGXI	83097.3	71.7	25219.1	80.8	15889.2	4793.8	0.0	53012.7
海　南	HAINAN	1508.1	583.1	730.0	210.0	0.0	0.0	0.0	195.0
重　庆	CHONGQING	10537.4	113.0	10410.4	0.0	3527.4	0.0	8.0	6.0
四　川	SICHUAN	430024.8	72276.4	345352.9	10024.8	32423.0	13.3	0.0	12382.2
贵　州	GUIZHOU	153813.8	59376.1	20891.8	8696.3	9358.9	0.0	5.0	73540.8
云　南	YUNNAN	112872.8	7004.3	81892.4	37970.6	3646.0	10760.0	358.7	12857.4
西　藏	XIZANG	26.3	0.0	26.3	0.0	0.0	0.0	0.0	0.0
陕　西	SHAANXI	67346.1	26397.3	9165.6	1397.0	2438.6	382.3	0.0	31401.0
甘　肃	GANSU	64954.7	9910.7	36913.3	2112.0	13990.2	607.0	0.0	17523.7
青　海	QINGHAI	128587.0	10375.4	57637.0	37071.8	0.0	26146.0	62.0	34366.7
宁　夏	NINGXIA	36360.2	0.0	34162.5	3195.5	1825.8	333.4	0.0	1864.3
新　疆	XINJIANG	108805.2	10463.1	81210.2	6939.0	31590.2	5118.7	20.0	11993.3

各地区农业污染排放情况（一）
Discharge of Agricultural Pollution by Region（1）
（2024）

单位：吨　　（ton）

年份/地区	Year/Region	化学需氧量排放量 Total Amount of COD Discharge	畜禽养殖业 Livestock and Poultry Breeding Industry	水产养殖业 Aquaculture Industry
	2022	**17857066**	**17008764**	**848302**
	2023	**18970639**	**18091076**	**879563**
	2024	**18895837**	**17980202**	**915635**
北　京	BEIJING	12552	12353	199
天　津	TIANJIN	129453	125179	4274
河　北	HEBEI	1175676	1162952	12724
山　西	SHANXI	576201	575131	1069
内蒙古	INNER MONGOLIA	762503	761820	683
辽　宁	LIAONING	1070649	1060840	9808
吉　林	JILIN	768267	765614	2653
黑龙江	HEILONGJIANG	816294	805242	11052
上　海	SHANGHAI	11434	8009	3424
江　苏	JIANGSU	757037	571251	185785
浙　江	ZHEJIANG	96127	31897	64230
安　徽	ANHUI	894348	846330	48019
福　建	FUJIAN	207061	187017	20043
江　西	JIANGXI	693244	631911	61334
山　东	SHANDONG	1034455	1007039	27415
河　南	HENAN	1233934	1221178	12756
湖　北	HUBEI	1171085	1016798	154287
湖　南	HUNAN	1232673	1193641	39032
广　东	GUANGDONG	842651	731189	111462
广　西	GUANGXI	551057	499757	51300
海　南	HAINAN	109252	81698	27554
重　庆	CHONGQING	209566	199697	9869
四　川	SICHUAN	875958	841662	34296
贵　州	GUIZHOU	888887	884378	4509
云　南	YUNNAN	418542	407073	11469
西　藏	XIZANG	445461	445460	1
陕　西	SHAANXI	163394	161337	2057
甘　肃	GANSU	783096	782891	206
青　海	QINGHAI	244615	244445	170
宁　夏	NINGXIA	216363	214882	1480
新　疆	XINJIANG	504005	501531	2474

各地区农业污染排放情况（二）
Discharge of Agricultural Pollution by Region（2）
（2024）

单位：吨 （ton）

年份/地区	Year/Region	氨氮排放量 Total Amount of Ammonia Nitrogen Discharge	种植业 Crop Farming	畜禽养殖业 Livestock and Poultry Breeding Industry	水产养殖业 Aquaculture Industry
	2022	**280577**	**72020**	**178062**	**30495**
	2023	**292283**	**71610**	**188958**	**31715**
	2024	**292940**	**72185**	**187654**	**33101**
北　京	BEIJING	171	9	155	7
天　津	TIANJIN	1163	42	1017	104
河　北	HEBEI	15588	591	14575	421
山　西	SHANXI	6223	271	5910	42
内蒙古	INNER MONGOLIA	10269	130	10114	24
辽　宁	LIAONING	9103	550	7836	717
吉　林	JILIN	6727	97	6528	102
黑龙江	HEILONGJIANG	9477	2324	6714	439
上　海	SHANGHAI	304	138	101	65
江　苏	JIANGSU	16275	6301	6983	2991
浙　江	ZHEJIANG	6277	3453	579	2245
安　徽	ANHUI	18925	5338	11885	1702
福　建	FUJIAN	12107	2388	3090	6629
江　西	JIANGXI	16629	4604	9193	2832
山　东	SHANDONG	16909	358	15539	1012
河　南	HENAN	15619	2046	13112	461
湖　北	HUBEI	22460	5326	14735	2399
湖　南	HUNAN	26916	11076	13975	1866
广　东	GUANGDONG	16906	6015	7068	3824
广　西	GUANGXI	16647	10485	4615	1547
海　南	HAINAN	1893	883	757	253
重　庆	CHONGQING	3815	1548	1805	462
四　川	SICHUAN	11948	3072	7395	1481
贵　州	GUIZHOU	6861	1752	4815	294
云　南	YUNNAN	6922	2539	3389	994
西　藏	XIZANG	3337	2	3335	…
陕　西	SHAANXI	1954	546	1339	68
甘　肃	GANSU	3669	116	3546	8
青　海	QINGHAI	1241	5	1231	5
宁　夏	NINGXIA	1043	20	970	53
新　疆	XINJIANG	5563	162	5348	54

各地区农业污染排放情况（三）
Discharge of Agricultural Pollution by Region（3）
（2024）

单位：吨 （ton）

年份/地区	Year/Region	总氮排放量 Total Amount of Total Nitrogen Discharge	种植业 Crop Farming	畜禽养殖业 Livestock and Poultry Breeding Industry	水产养殖业 Aquaculture Industry
	2022	**1744182**	**617458**	**989593**	**137131**
	2023	**1805793**	**615261**	**1047587**	**142945**
	2024	**1799899**	**615539**	**1034930**	**149430**
北 京	BEIJING	1002	135	829	38
天 津	TIANJIN	7449	480	6184	785
河 北	HEBEI	81135	7080	71689	2366
山 西	SHANXI	34535	3954	30412	169
内蒙古	INNER MONGOLIA	54234	1103	52954	176
辽 宁	LIAONING	66174	5573	56268	4333
吉 林	JILIN	45908	3520	41697	691
黑龙江	HEILONGJIANG	64628	14845	47356	2428
上 海	SHANGHAI	1964	1025	710	229
江 苏	JIANGSU	88578	44864	34486	9228
浙 江	ZHEJIANG	40324	29350	2545	8429
安 徽	ANHUI	104871	51478	47373	6020
福 建	FUJIAN	63412	19202	13038	31172
江 西	JIANGXI	80193	33173	38107	8913
山 东	SHANDONG	77008	8801	63920	4287
河 南	HENAN	107111	36744	68503	1864
湖 北	HUBEI	116569	51066	58185	7318
湖 南	HUNAN	128376	52926	69097	6353
广 东	GUANGDONG	114981	49226	43501	22254
广 西	GUANGXI	128768	85235	31147	12387
海 南	HAINAN	18159	7076	4645	6438
重 庆	CHONGQING	27911	12308	14155	1448
四 川	SICHUAN	95310	31272	58914	5125
贵 州	GUIZHOU	64361	17083	44929	2349
云 南	YUNNAN	70096	37674	29145	3277
西 藏	XIZANG	21067	22	21045	...
陕 西	SHAANXI	15562	6580	8495	487
甘 肃	GANSU	30542	1591	28890	61
青 海	QINGHAI	10004	67	9898	39
宁 夏	NINGXIA	8871	241	8204	426
新 疆	XINJIANG	30796	1845	28611	340

各地区农业污染排放情况（四）
Discharge of Agricultural Pollution by Region（4）
（2024）

单位：吨 （ton）

年份/地区	Year/Region	总磷排放量 Total Amount of Total Phosphorus Discharge	种植业 Crop Farming	畜禽养殖业 Livestock and Poultry Breeding Industry	水产养殖业 Aquaculture Industry
	2022	**277147**	**72105**	**182525**	**22517**
	2023	**288451**	**72335**	**192569**	**23547**
	2024	**287666**	**73167**	**189897**	**24603**
北　京	BEIJING	124	12	108	4
天　津	TIANJIN	1383	41	1305	37
河　北	HEBEI	12818	611	11975	231
山　西	SHANXI	7146	255	6871	20
内蒙古	INNER MONGOLIA	4225	144	4059	23
辽　宁	LIAONING	12263	461	11316	486
吉　林	JILIN	6124	121	5952	50
黑龙江	HEILONGJIANG	7354	1529	5708	118
上　海	SHANGHAI	297	151	110	36
江　苏	JIANGSU	14048	4945	7617	1486
浙　江	ZHEJIANG	8128	6244	426	1458
安　徽	ANHUI	16760	5757	10262	742
福　建	FUJIAN	10513	2379	2551	5582
江　西	JIANGXI	13278	4124	7513	1641
山　东	SHANDONG	11658	214	10836	607
河　南	HENAN	17082	2942	14097	43
湖　北	HUBEI	20343	6412	13415	517
湖　南	HUNAN	21958	6023	15388	547
广　东	GUANGDONG	21449	6657	10472	4320
广　西	GUANGXI	19201	10179	6191	2831
海　南	HAINAN	3461	913	907	1641
重　庆	CHONGQING	3972	1457	2390	125
四　川	SICHUAN	13947	4081	9306	560
贵　州	GUIZHOU	12588	3234	8845	510
云　南	YUNNAN	8071	3294	4024	753
西　藏	XIZANG	3501	2	3499	...
陕　西	SHAANXI	2568	771	1752	45
甘　肃	GANSU	5761	114	5637	10
青　海	QINGHAI	1132	4	1121	7
宁　夏	NINGXIA	2042	20	1903	119
新　疆	XINJIANG	4470	75	4340	55

各地区生活污染排放情况（一）
Discharge of Household Pollution by Region（1）
（2024）

单位：吨　　　　　　　　　　　　　　　　　　　　（ton）

年份/地区	Year/ Region	化学需氧量排放量 Amount of Household COD Discharged	城镇 Urban Area	农村 Rural Area	氨氮排放量 Amount of Household Ammonia Nitrogen Discharged	城镇 Urban Area	农村 Rural Area
	2022	**7721771**	**4285323**	**3436448**	**525012**	**337257**	**187754**
	2023	**10241763**	**7073805**	**3167958**	**888532**	**712077**	**176454**
	2024	**8789567**	**5937772**	**2851795**	**754875**	**593075**	**161800**
北　京	BEIJING	100683	79940	20743	9161	7662	1499
天　津	TIANJIN	57893	48443	9450	5636	5046	590
河　北	HEBEI	353590	218782	134808	27169	23530	3638
山　西	SHANXI	214107	152206	61901	17419	16435	984
内蒙古	INNER MONGOLIA	140578	100310	40269	11141	10514	628
辽　宁	LIAONING	292424	226483	65941	23666	22305	1361
吉　林	JILIN	126426	80716	45710	8405	7478	927
黑龙江	HEILONGJIANG	183393	119839	63554	12490	11528	962
上　海	SHANGHAI	113040	97533	15507	9430	8176	1254
江　苏	JIANGSU	410914	279035	131879	33266	23810	9456
浙　江	ZHEJIANG	381543	286753	94790	32543	24672	7871
安　徽	ANHUI	491578	349570	142007	40066	32369	7697
福　建	FUJIAN	379620	309706	69914	35604	28897	6708
江　西	JIANGXI	338135	232261	105875	31270	22104	9165
山　东	SHANDONG	476690	259838	216851	37660	26666	10995
河　南	HENAN	456408	232644	223764	31000	24727	6273
湖　北	HUBEI	308587	170050	138537	25681	15639	10042
湖　南	HUNAN	491886	300658	191227	43424	29154	14270
广　东	GUANGDONG	830230	618053	212177	79877	57474	22403
广　西	GUANGXI	439020	258655	180365	42041	25165	16876
海　南	HAINAN	63613	39509	24104	6021	3688	2334
重　庆	CHONGQING	213302	154915	58387	20138	17067	3071
四　川	SICHUAN	585350	415623	169727	54903	45571	9332
贵　州	GUIZHOU	287731	201724	86007	27046	23092	3954
云　南	YUNNAN	346578	247165	99413	31644	28082	3562
西　藏	XIZANG	60771	50799	9972	6005	5860	145
陕　西	SHAANXI	232613	150005	82608	18840	16053	2788
甘　肃	GANSU	135388	75391	59996	8763	8069	694
青　海	QINGHAI	36784	24955	11829	2871	2721	150
宁　夏	NINGXIA	45748	32663	13085	3765	3457	308
新　疆	XINJIANG	194945	123548	71397	17932	16067	1865

各地区生活污染排放情况（二）

Discharge of Household Pollution by Region（2）

（2024）

单位：吨 （ton）

年份/地区	Year/Region	总氮排放量 Amount of Household Total Nitrogen Discharged	城镇 Urban Area	农村 Rural Area	总磷排放量 Amount of Household Total Phosphorus Discharged	城镇 Urban Area	农村 Rural Area
	2022	**1335058**	**990866**	**344192**	**65912**	**37915**	**27997**
	2023	**1544418**	**1219445**	**324973**	**117839**	**91434**	**26405**
	2024	**1373141**	**1072348**	**300794**	**100841**	**76440**	**24401**
北　京	BEIJING	21955	19677	2278	1052	926	126
天　津	TIANJIN	10189	9209	980	660	596	64
河　北	HEBEI	47902	40987	6914	3258	2644	615
山　西	SHANXI	30692	28582	2110	2117	1860	257
内蒙古	INNER MONGOLIA	19074	17296	1779	1349	1154	196
辽　宁	LIAONING	42917	39457	3460	3176	2843	333
吉　林	JILIN	17402	14987	2415	1195	959	235
黑龙江	HEILONGJIANG	24061	21198	2863	1771	1452	319
上　海	SHANGHAI	25163	22715	2448	1294	1136	159
江　苏	JIANGSU	68224	51180	17044	4601	3331	1270
浙　江	ZHEJIANG	64660	49885	14775	4366	3395	972
安　徽	ANHUI	67502	53567	13935	5645	4375	1271
福　建	FUJIAN	59181	48564	10617	4699	3951	748
江　西	JIANGXI	50585	35982	14603	4025	2951	1074
山　东	SHANDONG	69674	51361	18313	4202	3056	1146
河　南	HENAN	58809	47384	11426	3863	2867	996
湖　北	HUBEI	54657	34745	19911	4224	2484	1741
湖　南	HUNAN	76168	48381	27787	6639	4351	2288
广　东	GUANGDONG	157058	117405	39653	12249	8968	3280
广　西	GUANGXI	74558	44040	30517	6308	3909	2399
海　南	HAINAN	11884	7385	4498	912	572	339
重　庆	CHONGQING	35534	29315	6219	2552	2055	497
四　川	SICHUAN	95600	76448	19152	6981	5435	1545
贵　州	GUIZHOU	42416	34268	8148	3376	2704	672
云　南	YUNNAN	49740	42142	7598	3958	3255	704
西　藏	XIZANG	8481	8048	434	726	671	55
陕　西	SHAANXI	32568	27624	4945	2099	1638	461
甘　肃	GANSU	15523	13906	1617	1027	830	197
青　海	QINGHAI	4865	4533	332	321	282	39
宁　夏	NINGXIA	6587	5978	609	416	357	60
新　疆	XINJIANG	29511	26098	3413	1779	1434	345

各地区生活污染排放情况（三）
Discharge of Household Pollution by Region（3）
（2024）

单位：吨 （ton）

年份/地区	Year/Region	二氧化硫排放量 Amount of Household Sulphur Dioxide Emission	氮氧化物排放量 Amount of Household Nitrogen Oxide Emission	颗粒物排放量 Amount of Household Soot Emission	挥发性有机物排放量 Amount of Household Volatile Organic Compounds Emission
	2022	**597065**	**338840**	**1823435**	**1793810**
	2023	**574328**	**341109**	**1797164**	**1820002**
	2024	**529622**	**332602**	**1687689**	**1818236**
北　京	BEIJING	101	8219	1236	26859
天　津	TIANJIN	108	2727	1307	17123
河　北	HEBEI	17977	24778	91217	96320
山　西	SHANXI	34011	15638	85596	51707
内蒙古	INNER MONGOLIA	70524	41618	352875	80757
辽　宁	LIAONING	39511	15424	99190	64425
吉　林	JILIN	18486	10087	74118	38205
黑龙江	HEILONGJIANG	52485	30668	262586	74266
上　海	SHANGHAI	77	4339	697	28709
江　苏	JIANGSU	2756	9014	11724	104608
浙　江	ZHEJIANG	590	2029	1852	84279
安　徽	ANHUI	1830	7213	18751	67018
福　建	FUJIAN	6004	3058	12167	43422
江　西	JIANGXI	28364	9327	57007	58453
山　东	SHANDONG	29745	18492	80205	127831
河　南	HENAN	6375	6833	12095	106418
湖　北	HUBEI	33940	13184	68399	75908
湖　南	HUNAN	30676	11593	76975	82766
广　东	GUANGDONG	9764	10502	28569	136017
广　西	GUANGXI	12603	4039	25321	52887
海　南	HAINAN	…	836	77	10284
重　庆	CHONGQING	3879	6303	5093	36682
四　川	SICHUAN	20311	19275	32689	99454
贵　州	GUIZHOU	35284	5856	39346	45601
云　南	YUNNAN	29000	6687	48459	56114
西　藏	XIZANG	1829	382	2821	4490
陕　西	SHAANXI	16919	13598	49089	53536
甘　肃	GANSU	11303	7719	45457	32325
青　海	QINGHAI	1147	5020	11794	8479
宁　夏	NINGXIA	1940	3174	9889	9674
新　疆	XINJIANG	12082	14972	81090	43618

各地区污水处理情况（一）
Waste Water Treatment by Region（1）
（2024）

年份/地区	Year/Region	污水处理厂数/家 Number of Urban Waste Water Treatment Plants（unit）	设计处理能力/（万吨/日） Treatment Capacity（10000 tons/day）	运行费用/万元 Annul Expenditure for Operation（10000 yuan）	累计完成投资/万元 Total Investment of Urban Waste Water Treatment（10000 yuan）	新增固定资产/万元 Newly-added Fixed Assets（10000 yuan）
	2022	**13527**	**31622**	**12413221.0**	**129026357.1**	**4440398.8**
	2023	**14637**	**33467**	**13678681.1**	**147221307.2**	**7462798.0**
	2024	**15259**	**35087**	**14406348.6**	**161574538.4**	**8025447.3**
北　京	BEIJING	305	824	404012.6	4578866.5	74279.8
天　津	TIANJIN	149	548	233658.9	3369637.7	255003.5
河　北	HEBEI	468	1471	702950.1	6774616.4	333540.5
山　西	SHANXI	267	629	329779.2	3297700.7	115608.9
内蒙古	INNER MONGOLIA	224	566	341852.9	3714507.2	65637.1
辽　宁	LIAONING	364	1337	493654.6	4113725.4	63785.1
吉　林	JILIN	206	712	246491.4	3553979.6	78647.6
黑龙江	HEILONGJIANG	255	651	244028.0	2678816.6	104362.4
上　海	SHANGHAI	47	1057	437450.5	6071270.7	92551.4
江　苏	JIANGSU	1098	2779	1188834.2	13323125.6	866581.1
浙　江	ZHEJIANG	533	2242	1078204.0	9561776.8	504562.2
安　徽	ANHUI	856	1525	501198.4	6367870.3	459673.9
福　建	FUJIAN	366	1066	371956.2	4201156.7	321838.2
江　西	JIANGXI	495	830	347333.9	3321828.2	124345.3
山　东	SHANDONG	779	2616	1221504.9	10127016.4	734239.6
河　南	HENAN	484	1924	642728.6	6771178.9	190910.6
湖　北	HUBEI	1001	1519	519933.8	7427364.0	444332.2
湖　南	HUNAN	518	1407	476981.3	5968766.5	219051.7
广　东	GUANGDONG	1340	4336	1516693.5	16179809.1	919017.2
广　西	GUANGXI	598	872	301583.7	4089846.0	58630.5
海　南	HAINAN	170	227	91839.5	1735031.8	75622.9
重　庆	CHONGQING	876	711	361862.8	3578365.0	88965.7
四　川	SICHUAN	1943	1752	864550.3	10505217.6	916647.1
贵　州	GUIZHOU	545	623	223359.0	3658472.3	77142.5
云　南	YUNNAN	325	647	216663.3	3533169.0	295412.0
西　藏	XIZANG	63	46	25887.4	369135.6	1534.4
陕　西	SHAANXI	327	821	423684.6	4853632.7	123429.8
甘　肃	GANSU	209	377	172653.1	2462223.7	51128.7
青　海	QINGHAI	88	132	50342.8	841590.6	129491.4
宁　夏	NINGXIA	100	231	139649.6	1431335.3	50575.6
新　疆	XINJIANG	260	611	235025.6	3113505.2	188898.4

各地区污水处理情况（二）
Waste Water Treatment by Region（2）
（2024）

单位：万吨 （10000 tons）

年份/地区	Year/Region	污水实际处理量 Quantity of Waste Water Treated	再生水利用量 Waste Water Recycled
	2022	**8949510**	**951374**
	2023	**9396790**	**1137444**
	2024	**9884494**	**1316575**
北 京	BEIJING	246534	176793
天 津	TIANJIN	143368	12983
河 北	HEBEI	348963	121363
山 西	SHANXI	182789	39159
内蒙古	INNER MONGOLIA	133829	57985
辽 宁	LIAONING	360863	34381
吉 林	JILIN	178406	6813
黑龙江	HEILONGJIANG	172745	4273
上 海	SHANGHAI	329374	339
江 苏	JIANGSU	774932	122934
浙 江	ZHEJIANG	652157	80350
安 徽	ANHUI	438130	57202
福 建	FUJIAN	302597	41218
江 西	JIANGXI	238253	1656
山 东	SHANDONG	713139	167155
河 南	HENAN	557239	89335
湖 北	HUBEI	460328	38147
湖 南	HUNAN	401419	15247
广 东	GUANGDONG	1317388	74834
广 西	GUANGXI	253929	9930
海 南	HAINAN	67200	6137
重 庆	CHONGQING	203917	3240
四 川	SICHUAN	498576	22485
贵 州	GUIZHOU	163968	3569
云 南	YUNNAN	187590	8336
西 藏	XIZANG	17177	792
陕 西	SHAANXI	226918	20669
甘 肃	GANSU	83625	19125
青 海	QINGHAI	32624	5025
宁 夏	NINGXIA	50865	19153
新 疆	XINJIANG	145654	55943

各地区污水处理情况（三）
Waste Water Treatment by Region（3）
（2024）

单位：万吨 （10000 tons）

年份/地区	Year/Region	污泥产生量 Quantity of Sludge Generated	污泥处置量 Quantity of Sludge Disposed	土地利用量 Landuse	填埋处置量 Landfill	建筑材料利用量 As Building Material	焚烧处置量 Incineration
	2022	**4757.9**	**4737.5**	**1326.8**	**597.4**	**865.8**	**1947.5**
	2023	**5333.2**	**5316.6**	**1435.1**	**570.1**	**1039.7**	**2271.7**
	2024	**5730.7**	**5699.1**	**1377.7**	**506.6**	**1085.2**	**2729.5**
北 京	BEIJING	190.3	190.3	147.0	0.3	0.9	42.2
天 津	TIANJIN	81.3	80.7	47.2	0.1	5.4	27.9
河 北	HEBEI	243.3	241.9	92.1	2.1	65.1	82.5
山 西	SHANXI	162.3	162.1	29.3	41.2	46.0	45.7
内蒙古	INNER MONGOLIA	134.0	132.8	43.7	60.1	7.1	21.9
辽 宁	LIAONING	177.4	176.8	72.7	30.5	26.9	46.7
吉 林	JILIN	96.9	96.0	48.1	8.1	3.2	36.7
黑龙江	HEILONGJIANG	122.0	121.8	56.7	42.3	0.6	22.1
上 海	SHANGHAI	167.5	167.5	…	0.6	0.1	166.8
江 苏	JIANGSU	484.4	478.6	34.7	8.1	65.2	370.7
浙 江	ZHEJIANG	472.3	471.3	34.7	1.0	46.1	389.6
安 徽	ANHUI	214.6	213.7	43.8	1.2	68.3	100.4
福 建	FUJIAN	183.9	183.3	57.6	5.2	47.6	73.0
江 西	JIANGXI	90.9	89.7	11.4	4.8	20.0	53.5
山 东	SHANDONG	531.5	530.4	103.3	17.1	160.6	249.4
河 南	HENAN	318.3	316.1	120.2	11.6	42.8	141.5
湖 北	HUBEI	186.5	185.4	65.1	8.3	63.7	48.3
湖 南	HUNAN	141.4	141.3	11.3	21.5	48.3	60.1
广 东	GUANGDONG	543.2	542.6	80.9	3.8	109.1	348.8
广 西	GUANGXI	106.8	105.0	20.9	4.9	37.6	41.6
海 南	HAINAN	32.1	32.1	8.2	…	7.8	16.1
重 庆	CHONGQING	143.9	138.8	27.7	6.0	84.7	20.4
四 川	SICHUAN	298.8	297.5	60.4	13.2	51.5	172.4
贵 州	GUIZHOU	75.8	75.7	8.2	7.4	14.8	45.3
云 南	YUNNAN	84.4	83.5	32.3	15.5	22.7	13.0
西 藏	XIZANG	7.8	7.8	3.2	4.7	0.0	0.0
陕 西	SHAANXI	193.6	192.7	60.1	30.8	30.8	71.1
甘 肃	GANSU	78.2	78.1	12.0	52.9	3.3	9.8
青 海	QINGHAI	23.8	23.8	…	18.9	4.6	0.3
宁 夏	NINGXIA	51.3	51.3	22.4	20.5	0.2	8.2
新 疆	XINJIANG	92.2	90.5	22.4	64.0	0.5	3.5

各地区污水处理情况（四）
Waste Water Treatment by Region（4）
（2024）

单位：吨 （ton）

年份/地区	Year/Region	污染物去除量 Quantity of Pollutants Removed by Urban Waste Water Treatment			
		化学需氧量 COD	氨氮 Ammonia Nitrogen	总氮 Total Nitrogen	总磷 Total Phosphorus
	2022	**19456196**	**2100019**	**2351676**	**308323**
	2023	**20829921**	**2253326**	**2537557**	**327610**
	2024	**21415650**	**2374248**	**2665747**	**345372**
北　京	BEIJING	766267	78608	103030	11492
天　津	TIANJIN	317799	46599	51024	7110
河　北	HEBEI	950877	116391	147085	16589
山　西	SHANXI	543506	68176	76178	7589
内蒙古	INNER MONGOLIA	428048	53858	78237	7630
辽　宁	LIAONING	675567	84989	101403	13245
吉　林	JILIN	420927	41197	43823	6320
黑龙江	HEILONGJIANG	459669	53221	58269	8312
上　海	SHANGHAI	644934	80482	80604	10193
江　苏	JIANGSU	1738627	178746	196137	25759
浙　江	ZHEJIANG	1537273	141935	146362	23111
安　徽	ANHUI	688196	88109	97265	11971
福　建	FUJIAN	633187	66015	73899	10259
江　西	JIANGXI	299108	36023	31166	4758
山　东	SHANDONG	1983014	209548	262564	30132
河　南	HENAN	1275359	153308	182752	21469
湖　北	HUBEI	724439	77429	78016	10654
湖　南	HUNAN	599498	61208	61717	10065
广　东	GUANGDONG	2281099	253279	249172	37247
广　西	GUANGXI	418421	42175	41787	5477
海　南	HAINAN	115372	13592	14380	1820
重　庆	CHONGQING	472688	48373	52316	7839
四　川	SICHUAN	1013225	119123	129638	16439
贵　州	GUIZHOU	341374	31816	33325	4800
云　南	YUNNAN	362004	41827	42078	7191
西　藏	XIZANG	15700	1646	1553	227
陕　西	SHAANXI	651443	74648	85709	10575
甘　肃	GANSU	334251	36997	45057	4729
青　海	QINGHAI	133858	11466	14969	2288
宁　夏	NINGXIA	158162	16806	23903	2870
新　疆	XINJIANG	431757	46660	62330	7212

各地区生活垃圾处理场（厂）情况
Centralized Treatment of Garbage by Region
（2024）

年份/ 地区	Year/ Region	生活垃圾处理场（厂）数/家 Number of Garbage Treatment Plants（unit）	（单独）餐厨垃圾集中处理厂/家（Single）Centralized Food Waste Treatment Plant（unit）	运行费用/ 万元 Annul Expenditure for Operation（10000 yuan）	新增固定资产/ 万元 Newly-added Fixed Assets（10000 yuan）
	2022	**2550**	**95**	**1998787.2**	**570692.8**
	2023	**2722**	**118**	**1789981.7**	**515155.6**
	2024	**2812**	**130**	**1713596.1**	**652091.6**
北　京	BEIJING	21	6	74857.4	37594.2
天　津	TIANJIN	5	1	12384.4	48620.9
河　北	HEBEI	118	2	51062.6	14069.2
山　西	SHANXI	91	2	34227.6	470.6
内蒙古	INNER MONGOLIA	148	6	54969.0	22255.0
辽　宁	LIAONING	85	0	70398.3	13341.7
吉　林	JILIN	46	1	26583.8	1216.7
黑龙江	HEILONGJIANG	101	4	50786.3	4199.0
上　海	SHANGHAI	9	6	81301.2	406.7
江　苏	JIANGSU	67	12	88481.1	29668.6
浙　江	ZHEJIANG	79	18	170010.1	81584.3
安　徽	ANHUI	50	12	38369.0	23464.4
福　建	FUJIAN	50	5	43430.6	1385.2
江　西	JIANGXI	69	2	31946.0	8701.0
山　东	SHANDONG	77	6	56461.7	6246.5
河　南	HENAN	121	5	50219.6	4054.6
湖　北	HUBEI	140	4	72808.6	43265.4
湖　南	HUNAN	101	2	62822.3	8012.4
广　东	GUANGDONG	111	8	247478.8	106850.8
广　西	GUANGXI	74	1	43000.3	2106.7
海　南	HAINAN	20	1	8893.4	3.5
重　庆	CHONGQING	45	3	30200.9	4138.2
四　川	SICHUAN	176	9	97804.1	13102.2
贵　州	GUIZHOU	82	7	37863.6	9669.9
云　南	YUNNAN	132	1	37628.5	16881.3
西　藏	XIZANG	119	0	10356.5	8842.5
陕　西	SHAANXI	112	2	47176.8	30105.3
甘　肃	GANSU	174	1	18971.9	9660.4
青　海	QINGHAI	170	1	13136.1	95404.1
宁　夏	NINGXIA	42	1	8167.2	1758.1
新　疆	XINJIANG	177	1	41798.2	5012.6

注：生活垃圾处理场（厂）不包括垃圾焚烧发电厂和水泥窑协同处置垃圾的企业，下同。

各地区生活垃圾处理场（厂）污染排放情况
Discharge of Garbage Treatment Plants Pollution by Region
（2024）

单位：吨 （ton）

年份/地区	Year/Region	渗滤液中污染物排放量 Amount of Pollutants Discharged in the Landfill Leachate			
		化学需氧量 COD	氨氮 Ammonia Nitrogen	总氮 Total Nitrogen	总磷 Total Phosphorus
	2022	**10106**	**1100**	**1798**	**49**
	2023	**5036**	**889**	**1472**	**30**
	2024	**4898**	**838**	**1444**	**31**
北　京	BEIJING	17	…	7	…
天　津	TIANJIN	16	3	6	…
河　北	HEBEI	56	3	7	…
山　西	SHANXI	46	9	15	1
内蒙古	INNER MONGOLIA	173	19	28	…
辽　宁	LIAONING	479	52	93	1
吉　林	JILIN	93	10	19	…
黑龙江	HEILONGJIANG	63	7	22	1
上　海	SHANGHAI	42	1	25	…
江　苏	JIANGSU	42	2	18	…
浙　江	ZHEJIANG	214	15	60	2
安　徽	ANHUI	73	12	22	1
福　建	FUJIAN	105	19	48	1
江　西	JIANGXI	92	21	41	2
山　东	SHANDONG	28	1	13	…
河　南	HENAN	174	24	48	1
湖　北	HUBEI	53	9	29	1
湖　南	HUNAN	237	58	125	3
广　东	GUANGDONG	162	22	79	2
广　西	GUANGXI	269	62	83	2
海　南	HAINAN	18	3	7	…
重　庆	CHONGQING	80	6	21	1
四　川	SICHUAN	301	44	74	3
贵　州	GUIZHOU	325	55	79	2
云　南	YUNNAN	1034	239	292	4
西　藏	XIZANG	107	23	30	…
陕　西	SHAANXI	206	42	56	1
甘　肃	GANSU	213	45	58	1
青　海	QINGHAI	84	14	18	…
宁　夏	NINGXIA	50	10	13	…
新　疆	XINJIANG	45	6	9	…

各地区危险废物（医疗废物）集中处理情况（一）

Centralized Treatment of Hazardous Wastes（Medical Wastes）by Region（1）

（2024）

年份/地区	Year/Region	危险废物集中处理厂数/家 Number of Centralized Hazardous Wastes Treatment Plants（unit）	（单独）医疗废物集中处置厂数/家 Number of Centralized Medical Wastes Treatment Plants（unit）	协同处置企业数/家 Number of Co-processing-firms（unit）	本年运行费用/万元 Annul Expenditure for Operation（10000 yuan）	累计完成投资/万元 Total Investment of Hazardous/Medical Wastes Treatment Plants（10000 yuan）	新增固定资产/万元 Newly-added Fixed Assets（10000 yuan）
	2022	**1803**	**441**	**268**	**4704500.9**	**23951481.6**	**1891707.5**
	2023	**2005**	**471**	**280**	**5107834.2**	**27594165.8**	**2091329.9**
	2024	**2025**	**490**	**307**	**5295253.5**	**31145387.6**	**1782445.6**
北　京	BEIJING	10	3	2	74063.7	139623.7	16411.9
天　津	TIANJIN	24	1	3	64759.6	254498.9	5625.9
河　北	HEBEI	65	27	6	141010.5	1033373.0	71911.7
山　西	SHANXI	33	15	15	60464.9	474740.2	71387.7
内蒙古	INNER MONGOLIA	53	24	12	113750.4	579382.0	59062.4
辽　宁	LIAONING	65	16	9	140091.6	919038.9	55527.3
吉　林	JILIN	48	11	6	51918.4	340784.0	7385.8
黑龙江	HEILONGJIANG	47	20	0	56138.0	342137.4	13841.2
上　海	SHANGHAI	36	0	0	214832.4	777536.9	21287.1
江　苏	JIANGSU	368	5	14	891278.3	4386208.7	249057.3
浙　江	ZHEJIANG	185	5	17	526323.8	2482885.9	198188.6
安　徽	ANHUI	58	10	6	164164.4	1009704.8	78369.3
福　建	FUJIAN	67	5	12	115037.6	932625.8	21008.8
江　西	JIANGXI	63	9	13	161197.7	1320413.7	24299.9
山　东	SHANDONG	199	14	23	415010.4	2999891.1	183734.0
河　南	HENAN	91	38	14	141836.9	1186119.5	49954.4
湖　北	HUBEI	96	16	11	176988.9	1417085.8	124913.5
湖　南	HUNAN	16	13	4	53740.2	223495.5	22090.7
广　东	GUANGDONG	149	22	33	633147.0	3211964.7	169801.2
广　西	GUANGXI	19	17	19	43135.8	420053.4	12777.9
海　南	HAINAN	4	0	3	4896.8	50017.3	0.0
重　庆	CHONGQING	40	27	9	113856.1	572149.5	26516.2
四　川	SICHUAN	69	51	12	258119.8	1629947.3	32320.0
贵　州	GUIZHOU	19	34	12	30175.0	236178.9	16619.3
云　南	YUNNAN	11	27	5	43093.1	384237.9	14685.2
西　藏	XIZANG	1	6	0	5463.6	23412.9	94.6
陕　西	SHAANXI	69	13	19	156651.0	779664.2	83312.0
甘　肃	GANSU	29	21	7	106569.6	582542.6	33224.0
青　海	QINGHAI	16	6	3	21416.8	591123.6	58287.7
宁　夏	NINGXIA	18	5	2	27315.9	291544.9	6025.1
新　疆	XINJIANG	57	29	16	288805.1	1553004.6	54724.8

各地区危险废物（医疗废物）集中处理情况（二）
Centralized Treatment of Hazardous Wastes（Medical Wastes）by Region（2）
（2024）

单位：吨 （ton）

年份/地区	Year/ Region	危险废物处置量 Hazardous Wastes Disposed	医疗废物处置量 Medical Hazardous Wastes Disposed	危险废物综合利用量 Hazardous Wastes Utilized
	2022	**16348588**	**2369533**	**19727380**
	2023	**18277526**	**1589374**	**22307331**
	2024	**20560978**	**1600478**	**27125183**
北　京	BEIJING	101206	55538	23240
天　津	TIANJIN	292259	18839	386980
河　北	HEBEI	885194	61342	337212
山　西	SHANXI	667902	26176	369520
内蒙古	INNER MONGOLIA	883860	23486	383372
辽　宁	LIAONING	640195	44979	427804
吉　林	JILIN	222923	21596	281712
黑龙江	HEILONGJIANG	123381	35757	615825
上　海	SHANGHAI	716472	70732	176743
江　苏	JIANGSU	2514598	102418	4027446
浙　江	ZHEJIANG	1568361	120191	3220838
安　徽	ANHUI	793780	53346	411686
福　建	FUJIAN	576501	43856	569560
江　西	JIANGXI	388929	36750	850813
山　东	SHANDONG	2844567	113193	3793742
河　南	HENAN	693422	86060	1245067
湖　北	HUBEI	639697	66813	570817
湖　南	HUNAN	115821	65186	128686
广　东	GUANGDONG	1644712	158246	2896716
广　西	GUANGXI	311990	54304	146781
海　南	HAINAN	22728	10866	3
重　庆	CHONGQING	352097	33050	315703
四　川	SICHUAN	632470	98137	1175735
贵　州	GUIZHOU	241618	39587	76641
云　南	YUNNAN	50849	56329	160954
西　藏	XIZANG	1528	3097	...
陕　西	SHAANXI	678220	41360	992670
甘　肃	GANSU	435229	16122	610177
青　海	QINGHAI	103661	7129	321199
宁　夏	NINGXIA	149286	7278	215934
新　疆	XINJIANG	1267524	28713	2391605

各地区危险废物（医疗废物）集中处理厂污染排放情况

Discharge of Hazardous Wastes Treatment Plants Pollution by Region

（2024）

单位：吨　　　　　　　　　　　　　　　　　　　　　　　　　　　　　　　　　　　　　（ton）

年份/ 地区	Year/ Region	废气中污染物排放量 Amount of Pollutants Discharged in the Waste Gas		
		二氧化硫 Sulphur Dioxide	氮氧化物 Nitrogen Oxide	颗粒物 Particulate Matter
	2022	**1134**	**8042**	**602**
	2023	**874**	**5825**	**387**
	2024	**987**	**5722**	**399**
北　京	BEIJING	2	57	4
天　津	TIANJIN	14	109	3
河　北	HEBEI	31	166	13
山　西	SHANXI	7	45	3
内蒙古	INNER MONGOLIA	14	53	10
辽　宁	LIAONING	29	128	15
吉　林	JILIN	6	38	2
黑龙江	HEILONGJIANG	5	32	2
上　海	SHANGHAI	11	447	8
江　苏	JIANGSU	109	1130	72
浙　江	ZHEJIANG	96	837	45
安　徽	ANHUI	20	226	12
福　建	FUJIAN	36	218	10
江　西	JIANGXI	38	147	13
山　东	SHANDONG	71	360	25
河　南	HENAN	11	94	10
湖　北	HUBEI	25	173	11
湖　南	HUNAN	3	50	2
广　东	GUANGDONG	146	713	48
广　西	GUANGXI	7	46	3
海　南	HAINAN	...	2	...
重　庆	CHONGQING	9	57	18
四　川	SICHUAN	172	225	21
贵　州	GUIZHOU	4	29	5
云　南	YUNNAN	15	46	17
西　藏	XIZANG	1	9	1
陕　西	SHAANXI	77	130	10
甘　肃	GANSU	2	24	2
青　海	QINGHAI	6	6	5
宁　夏	NINGXIA	4	13	1
新　疆	XINJIANG	16	112	9

各地区移动源污染排放情况（一）
Discharge of Mobile Source Pollutant by Region（1）
（2024）

单位：吨　　　　　　　　　　　　　　　　　　　　　　（ton）

年份/地区	Year/ Region	移动源污染物排放量 Total Amount of Discharge of Mobile Source Pollution			
		颗粒物 Particulate Matter		氮氧化物 Nitrogen Oxide	
		机动车 Motor Vehicle	非道路移动机械（工程机械） Construction Machinery	机动车 Motor Vehicle	非道路移动机械（工程机械） Construction Machinery
	2022	**52561**	—	**5266782**	—
	2023	**44238**	**69753**	**4731049**	**1210809**
	2024	**35884**	**74258**	**4151575**	**1277008**
北　京	BEIJING	304	1616	44563	27838
天　津	TIANJIN	478	1455	52373	23333
河　北	HEBEI	2208	6905	390970	123048
山　西	SHANXI	616	3739	122919	67847
内蒙古	INNER MONGOLIA	927	1623	96315	27448
辽　宁	LIAONING	4243	1007	278842	18726
吉　林	JILIN	1158	651	99235	11615
黑龙江	HEILONGJIANG	1246	1216	99766	23363
上　海	SHANGHAI	525	633	78772	11839
江　苏	JIANGSU	1721	2985	214200	49977
浙　江	ZHEJIANG	1651	4086	194928	67359
安　徽	ANHUI	1305	2647	173520	44666
福　建	FUJIAN	673	2292	76562	39058
江　西	JIANGXI	1351	2215	137438	36695
山　东	SHANDONG	3269	10644	403528	194559
河　南	HENAN	2026	5114	248310	91291
湖　北	HUBEI	1172	3171	135505	54904
湖　南	HUNAN	904	3008	91512	49303
广　东	GUANGDONG	2832	4239	321291	64233
广　西	GUANGXI	1053	1051	117975	17215
海　南	HAINAN	249	810	19561	13564
重　庆	CHONGQING	612	1289	73956	20170
四　川	SICHUAN	935	5417	117115	84024
贵　州	GUIZHOU	944	842	90876	14417
云　南	YUNNAN	1029	544	116729	9516
西　藏	XIZANG	187	389	26646	7253
陕　西	SHAANXI	620	2173	119191	39451
甘　肃	GANSU	780	1039	68257	18930
青　海	QINGHAI	110	134	23928	2303
宁　夏	NINGXIA	177	259	41020	4808
新　疆	XINJIANG	580	1065	75777	18254

注：2023年起移动源统计调查范围包括机动车、非道路移动机械（工程机械）、沥青道路铺装和储油库，下同。

各地区移动源污染排放情况（二）
Discharge of Motor Vehicle Pollution by Region（2）
（2024）

单位：吨 （ton）

年份/地区	Year/Region	移动源污染物排放量 Total Amount of Discharge of Motor Vehicle Pollution 挥发性有机物 Volatile Organic Compounds 机动车 Motor Vehicle	非道路移动机械（工程机械） Construction Machinery	储油库 Bulk Petroleum Terminals	沥青道路铺装 Asphalt Road Paving
	2022	**1912267**	—	—	—
	2023	**1871528**	**98402**	**287013**	**294160**
	2024	**1839533**	**104300**	**292763**	**304678**
北　京	BEIJING	29724	2289	1886	1035
天　津	TIANJIN	21945	1904	11086	904
河　北	HEBEI	112237	10020	5467	5700
山　西	SHANXI	58743	5647	2403	6762
内蒙古	INNER MONGOLIA	59961	2294	2213	3656
辽　宁	LIAONING	107372	1561	7765	1951
吉　林	JILIN	49615	990	1539	15577
黑龙江	HEILONGJIANG	58151	2012	6005	3713
上　海	SHANGHAI	18672	882	2038	585
江　苏	JIANGSU	100175	3938	18796	15738
浙　江	ZHEJIANG	96630	5288	28101	23192
安　徽	ANHUI	52173	3670	5621	20207
福　建	FUJIAN	47785	3151	3701	3565
江　西	JIANGXI	46608	3003	5519	14083
山　东	SHANDONG	155041	15764	51296	27827
河　南	HENAN	113432	7440	4460	27284
湖　北	HUBEI	53999	4487	5376	8107
湖　南	HUNAN	54420	4080	13923	19307
广　东	GUANGDONG	151190	5244	54056	16193
广　西	GUANGXI	59560	1426	12414	6546
海　南	HAINAN	11816	1109	2901	1462
重　庆	CHONGQING	32835	1649	4228	3080
四　川	SICHUAN	77679	6929	7202	6321
贵　州	GUIZHOU	42547	1201	3249	13557
云　南	YUNNAN	60014	792	5042	5964
西　藏	XIZANG	6960	612	290	9013
陕　西	SHAANXI	51358	3243	9820	24510
甘　肃	GANSU	32416	1570	9375	5871
青　海	QINGHAI	13174	191	602	1663
宁　夏	NINGXIA	15350	397	655	3943
新　疆	XINJIANG	47957	1516	5735	7363

10

各工业行业污染排放及治理统计

各工业行业废水排放及治理情况（一）

（2024）

单位：吨

行业名称	工业废水中污染物排放量			
	化学需氧量	氨氮	总氮	总磷
农、林、牧、渔专业及辅助性活动	284	39	109	10
煤炭开采和洗选业	4894	100	333	8
石油和天然气开采业	710	18	92	2
黑色金属矿采选业	859	13	30	...
有色金属矿采选业	3345	202	556	9
非金属矿采选业	1229	144	173	20
开采专业及辅助性活动	34	1	3	...
其他采矿业	1	...	1	...
农副食品加工业	23586	1022	6483	522
食品制造业	14845	774	4665	132
酒、饮料和精制茶制造业	8886	313	2409	101
烟草制品业	233	8	40	1
纺织业	54998	1097	10215	158
纺织服装、服饰业	2548	76	482	25
皮革、毛皮、羽毛及其制品和制鞋业	2565	80	882	14
木材加工和木、竹、藤、棕、草制品业	128	2	10	...
家具制造业	94	1	16	1
造纸和纸制品业	53070	1119	6655	124
印刷和记录媒介复制业	117	9	32	...
文教、工美、体育和娱乐用品制造业	154	4	62	1
石油、煤炭及其他燃料加工业	10762	264	4001	66
化学原料和化学制品制造业	42151	2150	12937	233
医药制造业	10355	308	2809	61
化学纤维制造业	11260	338	1249	23
橡胶和塑料制品业	2119	51	529	14
非金属矿物制品业	3099	81	475	10
黑色金属冶炼和压延加工业	3864	193	1859	24
有色金属冶炼和压延加工业	3282	180	770	20
金属制品业	4337	113	1165	36
通用设备制造业	1042	24	263	8
专用设备制造业	643	16	176	4
汽车制造业	3222	45	640	33
铁路、船舶、航空航天和其他运输设备制造业	1445	33	232	8
电气机械和器材制造业	4769	95	1769	28
计算机、通信和其他电子设备制造业	17658	698	8077	149
仪器仪表制造业	87	4	29	1
其他制造业	277	10	62	3
废弃资源综合利用业	615	21	123	5
金属制品、机械和设备修理业	271	8	36	1
电力、热力生产和供应业	8996	285	1965	35
燃气生产和供应业	29	3	7	...
水的生产和供应业	5174	150	1474	51

各工业行业废水排放及治理情况（二）

（2024）

行业名称	工业废水中污染物排放量			
	石油类/吨	挥发酚/千克	氰化物/千克	重金属/千克
农、林、牧、渔专业及辅助性活动	...	...	0.2	...
煤炭开采和洗选业	63.8	265.5	176.6	3176.4
石油和天然气开采业	49.4	528.6	1.7	...
黑色金属矿采选业	20.6	...	...	35.8
有色金属矿采选业	16.9	25.4	153.1	9571.1
非金属矿采选业	0.3	...	...	359.4
开采专业及辅助性活动	0.1	0.1	0.7	0.5
其他采矿业	...	...	...	...
农副食品加工业	17.7	35.5	0.8	...
食品制造业	16.9	124.0	0.1	...
酒、饮料和精制茶制造业	0.7	0.8	...	...
烟草制品业	0.2	0.5	...	...
纺织业	10.7	120.6	23.6	12.3
纺织服装、服饰业	0.1	...	...	...
皮革、毛皮、羽毛及其制品和制鞋业	0.4	4.2	13.1	5458.8
木材加工和木、竹、藤、棕、草制品业	0.1	...	...	...
家具制造业	3.9	0.1	...	...
造纸和纸制品业	4.5	294.7	0.2	...
印刷和记录媒介复制业	6.2	...	...	0.5
文教、工美、体育和娱乐用品制造业	1.5	14.4	0.2	27.4
石油、煤炭及其他燃料加工业	208.8	29127.2	7522.5	325.8
化学原料和化学制品制造业	137.8	7670.1	4077.3	1938.3
医药制造业	2.6	156.0	46.1	3.4
化学纤维制造业	17.4	34.3	0.8	...
橡胶和塑料制品业	39.8	4.0	1.2	19.9
非金属矿物制品业	13.0	25.9	23.6	79.9
黑色金属冶炼和压延加工业	78.6	8741.7	7974.1	4704.1
有色金属冶炼和压延加工业	140.9	1.7	13.7	4571.0
金属制品业	248.7	26.1	1528.6	3213.6
通用设备制造业	88.9	12.1	8.5	94.2
专用设备制造业	33.3	11.2	5.9	166.9
汽车制造业	165.6	1.9	4.4	196.7
铁路、船舶、航空航天和其他运输设备制造业	55.7	7.6	0.5	50.2
电气机械和器材制造业	10.4	1.8	2.3	1019.9
计算机、通信和其他电子设备制造业	68.6	90.3	961.6	538.3
仪器仪表制造业	0.6	...	0.2	1.3
其他制造业	3.8	3.1	1.9	2.9
废弃资源综合利用业	20.2	0.1	0.2	15.8
金属制品、机械和设备修理业	7.8	0.5	0.4	2.0
电力、热力生产和供应业	6.4	412.4	150.5	132.8
燃气生产和供应业	0.8	55.5	82.0	...
水的生产和供应业	0.8	7.2	47.5	0.5

各工业行业废气排放及治理情况

（2024）

单位：吨

行业名称	工业废气中污染物排放量			
	二氧化硫	氮氧化物	颗粒物	挥发性有机物
农、林、牧、渔专业及辅助性活动	719	482	431	35
煤炭开采和洗选业	3568	4993	1168532	244
石油和天然气开采业	2272	12042	248	22422
黑色金属矿采选业	638	1150	34387	21
有色金属矿采选业	466	827	194495	55
非金属矿采选业	1115	1601	20039	84
开采专业及辅助性活动	53	156	304	419
其他采矿业	48	77	1010	53
农副食品加工业	7927	22319	9810	32307
食品制造业	7880	14183	3232	7791
酒、饮料和精制茶制造业	3276	5903	1157	3053
烟草制品业	96	393	1548	711
纺织业	4740	10429	3537	13714
纺织服装、服饰业	815	357	69	132
皮革、毛皮、羽毛及其制品和制鞋业	136	331	1965	14055
木材加工和木、竹、藤、棕、草制品业	3799	6543	13207	64071
家具制造业	107	184	2611	13102
造纸和纸制品业	12740	37141	4159	20356
印刷和记录媒介复制业	123	419	37	65669
文教、工美、体育和娱乐用品制造业	30	98	146	4855
石油、煤炭及其他燃料加工业	62350	160909	113181	529483
化学原料和化学制品制造业	100374	148078	101780	563911
医药制造业	3093	6161	1202	127953
化学纤维制造业	3312	7153	2590	24452
橡胶和塑料制品业	3275	6003	5379	124710
非金属矿物制品业	252249	656437	486397	70089
黑色金属冶炼和压延加工业	352877	657226	457073	106576
有色金属冶炼和压延加工业	268947	115672	57489	9845
金属制品业	2001	8195	24331	69203
通用设备制造业	216	2647	5089	14694
专用设备制造业	103	1046	3398	9464
汽车制造业	376	4171	6466	61111
铁路、船舶、航空航天和其他运输设备制造业	124	980	5038	36595
电气机械和器材制造业	289	8689	1198	49437
计算机、通信和其他电子设备制造业	585	3661	2619	110377
仪器仪表制造业	9	14	10	814
其他制造业	204	446	8540	3637
废弃资源综合利用业	2913	3073	5346	3327
金属制品、机械和设备修理业	26	49	252	6750
电力、热力生产和供应业	587095	1183790	149544	37159
燃气生产和供应业	461	1989	1721	1430
水的生产和供应业	61	3	2	216

各工业行业一般工业固体废物产生及利用处置情况

（2024）

单位：万吨

行业名称	一般工业固体废物产生量	一般工业固体废物综合利用量	一般工业固体废物处置量
农、林、牧、渔专业及辅助性活动	36	23	11
煤炭开采和洗选业	58307	40127	17037
石油和天然气开采业	469	187	282
黑色金属矿采选业	61958	17949	13875
有色金属矿采选业	56770	14224	10259
非金属矿采选业	5979	3197	657
开采专业及辅助性活动	463	296	164
其他采矿业	228	207	1
农副食品加工业	1787	1423	360
食品制造业	1100	878	205
酒、饮料和精制茶制造业	1345	1152	192
烟草制品业	38	28	10
纺织业	523	399	122
纺织服装、服饰业	19	8	11
皮革、毛皮、羽毛及其制品和制鞋业	79	23	56
木材加工和木、竹、藤、棕、草制品业	177	150	26
家具制造业	53	45	9
造纸和纸制品业	2950	2226	712
印刷和记录媒介复制业	109	77	33
文教、工美、体育和娱乐用品制造业	11	9	2
石油、煤炭及其他燃料加工业	7886	3815	2986
化学原料和化学制品制造业	42915	31636	5042
医药制造业	448	302	143
化学纤维制造业	414	331	80
橡胶和塑料制品业	182	140	42
非金属矿物制品业	4724	3875	544
黑色金属冶炼和压延加工业	62129	54298	5065
有色金属冶炼和压延加工业	22490	7850	4720
金属制品业	1043	809	224
通用设备制造业	318	238	81
专用设备制造业	191	143	48
汽车制造业	970	828	142
铁路、船舶、航空航天和其他运输设备制造业	223	161	63
电气机械和器材制造业	506	405	101
计算机、通信和其他电子设备制造业	541	449	81
仪器仪表制造业	4	3	1
其他制造业	16	11	5
废弃资源综合利用业	2357	1939	361
金属制品、机械和设备修理业	53	51	3
电力、热力生产和供应业	100035	75318	15963
燃气生产和供应业	235	43	25
水的生产和供应业	130	108	26

各工业行业危险废物产生及利用处置情况

（2024）

单位：万吨

行业名称	危险废物产生量	危险废物利用处置量
农、林、牧、渔专业及辅助性活动	0.1	0.1
煤炭开采和洗选业	4.0	3.9
石油和天然气开采业	373.6	376.4
黑色金属矿采选业	1.4	1.4
有色金属矿采选业	652.7	599.1
非金属矿采选业	226.9	0.1
开采专业及辅助性活动	18.7	18.7
其他采矿业	0.1	0.1
农副食品加工业	1.0	1.0
食品制造业	4.0	4.0
酒、饮料和精制茶制造业	0.6	0.6
烟草制品业	0.2	0.2
纺织业	19.6	19.6
纺织服装、服饰业	1.3	1.3
皮革、毛皮、羽毛及其制品和制鞋业	17.5	17.5
木材加工和木、竹、藤、棕、草制品业	1.3	1.3
家具制造业	4.9	4.9
造纸和纸制品业	87.3	87.6
印刷和记录媒介复制业	5.8	5.8
文教、工美、体育和娱乐用品制造业	2.5	2.5
石油、煤炭及其他燃料加工业	1871.5	1872.5
化学原料和化学制品制造业	2259.7	2260.2
医药制造业	336.4	336.3
化学纤维制造业	108.1	108.0
橡胶和塑料制品业	55.3	54.5
非金属矿物制品业	90.5	89.8
黑色金属冶炼和压延加工业	1275.8	1281.6
有色金属冶炼和压延加工业	1771.7	1907.3
金属制品业	493.2	494.3
通用设备制造业	57.1	57.1
专用设备制造业	18.9	19.0
汽车制造业	120.4	120.5
铁路、船舶、航空航天和其他运输设备制造业	27.6	27.6
电气机械和器材制造业	72.8	72.8
计算机、通信和其他电子设备制造业	537.4	537.3
仪器仪表制造业	1.2	1.2
其他制造业	7.2	9.2
废弃资源综合利用业	141.9	143.2
金属制品、机械和设备修理业	19.3	19.3
电力、热力生产和供应业	1251.8	1241.6
燃气生产和供应业	9.3	6.6
水的生产和供应业	9.6	9.7

各工业行业污染治理情况（一）
（2024）

行业名称	废水治理设施数/套	废水治理设施治理能力/（万吨/日）	废水治理设施运行费用/万元
农、林、牧、渔专业及辅助性活动	159	9.6	1956.6
煤炭开采和洗选业	2392	1308.3	303310.2
石油和天然气开采业	758	562.2	209677.5
黑色金属矿采选业	348	561.4	54989.9
有色金属矿采选业	661	509.4	113144.3
非金属矿采选业	219	126.6	11533.8
开采专业及辅助性活动	21	14.5	8306.0
其他采矿业	4	0.5	26.8
农副食品加工业	8295	717.5	202427.2
食品制造业	3224	373.9	178323.3
酒、饮料和精制茶制造业	2188	292.0	122821.3
烟草制品业	112	11.5	8088.0
纺织业	5008	1325.0	554357.0
纺织服装、服饰业	589	94.4	20251.0
皮革、毛皮、羽毛及其制品和制鞋业	1079	177.7	58520.1
木材加工和木、竹、藤、棕、草制品业	240	5.0	2237.6
家具制造业	515	4.1	2022.2
造纸和纸制品业	2138	1390.9	479321.3
印刷和记录媒介复制业	582	5.0	4604.0
文教、工美、体育和娱乐用品制造业	548	7.3	4505.2
石油、煤炭及其他燃料加工业	972	589.9	931328.0
化学原料和化学制品制造业	9310	1293.7	1607817.7
医药制造业	4588	277.3	420164.0
化学纤维制造业	623	220.3	124665.8
橡胶和塑料制品业	1349	58.7	30875.3
非金属矿物制品业	2860	516.4	102530.0
黑色金属冶炼和压延加工业	2037	5802.6	871282.5
有色金属冶炼和压延加工业	2185	257.5	271334.3
金属制品业	8737	300.1	296340.9
通用设备制造业	2119	40.6	26839.6
专用设备制造业	1285	26.7	17746.3
汽车制造业	3364	127.3	101739.3
铁路、船舶、航空航天和其他运输设备制造业	902	27.4	16409.1
电气机械和器材制造业	1863	217.2	135460.2
计算机、通信和其他电子设备制造业	5034	838.2	722740.3
仪器仪表制造业	186	3.4	1596.2
其他制造业	317	8.7	6134.9
废弃资源综合利用业	872	41.9	37808.5
金属制品、机械和设备修理业	282	22.7	3631.2
电力、热力生产和供应业	3709	1681.3	338183.3
燃气生产和供应业	35	8.1	11840.9
水的生产和供应业	421	522.0	85878.4

各工业行业污染治理情况（二）
（2024）

行业名称	废气治理设施数/套	脱硫设施	脱硝设施	除尘设施	VOCs治理设施	废气治理设施运行费用/万元
农、林、牧、渔专业及辅助性活动	415	110	22	202	16	1948.4
煤炭开采和洗选业	2674	321	295	1836	54	55718.2
石油和天然气开采业	228	58	59	8	36	43166.2
黑色金属矿采选业	1419	42	21	1344	1	36451.6
有色金属矿采选业	1430	73	28	1274	6	23446.6
非金属矿采选业	1301	68	25	1178	2	20207.2
开采专业及辅助性活动	32	0	2	18	7	468.2
其他采矿业	34	1	0	33	0	118.9
农副食品加工业	9726	689	1127	5622	495	117904.3
食品制造业	4465	349	559	1754	439	97567.7
酒、饮料和精制茶制造业	2700	155	321	1385	410	28955.9
烟草制品业	599	5	23	432	46	9996.2
纺织业	11868	263	447	2937	5704	223709.0
纺织服装、服饰业	562	23	41	215	99	3930.5
皮革、毛皮、羽毛及其制品和制鞋业	4303	52	126	807	2951	22657.6
木材加工和木、竹、藤、棕、草制品业	7023	67	232	4033	2524	56931.9
家具制造业	12615	44	23	5536	6661	63852.0
造纸和纸制品业	4427	564	636	1447	1526	280142.1
印刷和记录媒介复制业	5524	18	39	145	5058	90005.0
文教、工美、体育和娱乐用品制造业	3674	44	15	977	2265	31695.3
石油、煤炭及其他燃料加工业	6238	1296	1036	2460	1174	1537638.0
化学原料和化学制品制造业	49241	3213	2744	19098	17684	1819091.5
医药制造业	13478	212	450	3976	6482	267164.6
化学纤维制造业	3329	154	193	378	2296	112346.7
橡胶和塑料制品业	25967	264	364	4968	18416	327376.6
非金属矿物制品业	79607	12126	5654	56702	3054	1648791.1
黑色金属冶炼和压延加工业	17330	1754	1347	12370	349	6570818.9
有色金属冶炼和压延加工业	13455	2014	603	7627	1343	1133135.9
金属制品业	51927	1767	1212	24193	12696	372633.1
通用设备制造业	14211	135	192	6373	5934	109653.1
专用设备制造业	8930	89	140	4031	3832	78399.5
汽车制造业	21966	134	473	8963	9682	352705.4
铁路、船舶、航空航天和其他运输设备制造	6322	34	78	2854	2803	94350.9
电气机械和器材制造业	15804	348	198	4285	8451	246930.7
计算机、通信和其他电子设备制造业	23978	1170	181	4702	10171	497928.2
仪器仪表制造业	828	11	6	208	474	4284.1
其他制造业	1556	31	22	511	795	14608.6
废弃资源综合利用业	5786	348	170	3254	1525	77519.5
金属制品、机械和设备修理业	936	10	14	327	485	6477.5
电力、热力生产和供应业	27703	8201	8797	9788	46	8449578.9
燃气生产和供应业	141	16	57	38	5	12296.7
水的生产和供应业	24	1	1	3	7	1323.3

各地区电力、热力生产和供应业废气排放及治理情况（一）

（2024）

单位：吨

地　区	工业废气中污染物排放量			
	二氧化硫	氮氧化物	颗粒物	挥发性有机物
全　国	**587095**	**1183790**	**149544**	**37159**
北　京	694	7675	82	485
天　津	3116	10512	517	852
河　北	17495	33380	4362	1446
山　西	38175	69137	7252	2670
内蒙古	60489	111729	13705	3857
辽　宁	23106	52513	8760	1517
吉　林	17959	39090	15204	603
黑龙江	25801	52266	20981	1020
上　海	4245	12030	489	310
江　苏	29442	66234	4678	2620
浙　江	22592	55701	4041	1876
安　徽	21731	46543	4597	1721
福　建	14182	34986	4815	1484
江　西	9805	24276	2482	603
山　东	42165	93406	5473	3059
河　南	21907	47236	3608	1412
湖　北	10996	26763	2504	797
湖　南	8017	22289	1603	408
广　东	24919	76975	7442	2217
广　西	12047	19937	2198	526
海　南	1146	4779	197	101
重　庆	9496	17418	2063	363
四　川	9371	20286	2090	485
贵　州	63800	54958	3868	813
云　南	14208	20507	2124	281
西　藏	120	449	99	1
陕　西	18702	40535	4840	1813
甘　肃	15451	29567	3921	852
青　海	2138	5003	822	143
宁　夏	15133	27150	5612	846
新　疆	28646	60457	9115	1977

各地区电力、热力生产和供应业废气排放及治理情况（二）

（2024）

地区	废气治理设施数/套	脱硫设施	脱硝设施	除尘设施	VOCs治理设施	废气治理设施运行费用/万元
全国	**27703**	**8201**	**8797**	**9788**	**46**	**8449578.9**
北京	172	30	72	28	0	19557.7
天津	241	51	99	58	0	105735.4
河北	2828	524	797	1434	1	478855.0
山西	992	300	362	292	0	444009.4
内蒙古	2060	722	523	810	0	529655.3
辽宁	2611	841	781	961	0	225733.6
吉林	1355	478	279	586	0	66849.9
黑龙江	2357	708	698	945	0	159034.7
上海	276	58	109	63	19	175327.1
江苏	1289	409	448	363	10	842221.7
浙江	1110	359	353	328	3	721544.9
安徽	692	225	236	210	0	424913.6
福建	545	178	162	194	1	194718.5
江西	353	118	108	115	0	172822.3
山东	3379	989	1222	1111	3	834642.8
河南	882	264	279	304	1	399441.9
湖北	480	142	160	161	1	220006.4
湖南	330	95	112	107	1	156732.9
广东	818	222	311	196	0	610858.3
广西	260	80	76	94	1	71962.1
海南	97	30	36	25	0	58619.7
重庆	170	41	58	61	0	139333.9
四川	386	99	147	100	1	148101.3
贵州	286	94	89	89	2	325845.3
云南	179	60	49	62	1	125141.4
西藏	24	5	5	14	0	311.3
陕西	618	158	260	143	0	215628.7
甘肃	911	303	284	297	0	150487.9
青海	187	50	74	57	0	18843.9
宁夏	330	112	109	106	1	191328.6
新疆	1485	456	499	474	0	221313.5

各地区非金属矿物制品业废气排放及治理情况（一）

（2024）

单位：吨

地　区	工业废气中污染物排放量			
	二氧化硫	氮氧化物	颗粒物	挥发性有机物
全　国	**252249**	**656437**	**486397**	**70089**
北　京	8	139	589	57
天　津	150	697	363	79
河　北	9870	25188	29137	3163
山　西	10642	19184	13427	1484
内蒙古	8715	21246	11524	1893
辽　宁	13371	30069	13847	1306
吉　林	3729	7822	5965	577
黑龙江	1880	5718	5837	383
上　海	14	74	251	55
江　苏	6457	12396	22314	3533
浙　江	4355	10894	22338	2877
安　徽	24342	46121	40137	6723
福　建	10175	39658	19612	2116
江　西	15664	43247	21605	3102
山　东	14139	28310	21967	4338
河　南	12583	20400	15945	2579
湖　北	7350	25450	18741	2507
湖　南	9832	17474	18310	2622
广　东	16998	64055	37394	9364
广　西	10202	51217	18201	3985
海　南	1332	3703	4762	405
重　庆	7407	17735	16601	1804
四　川	13955	33912	26692	4142
贵　州	6154	23112	18647	1729
云　南	17094	39069	23756	2592
西　藏	1167	5798	4874	471
陕　西	7789	14547	14217	1985
甘　肃	6198	17503	13309	1202
青　海	1054	4356	3583	353
宁　夏	3041	5248	6475	654
新　疆	6582	22098	15978	2007

各地区非金属矿物制品业废气排放及治理情况（二）

（2024）

地 区	废气治理设施数/套	脱硫设施	脱硝设施	除尘设施	VOCs 治理设施	废气治理设施运行费用/万元
全 国	**79607**	**12126**	**5654**	**56702**	**3054**	**1648791.1**
北 京	662	4	5	624	23	4574.3
天 津	555	17	22	447	53	6873.0
河 北	6861	528	545	5243	429	106930.2
山 西	5437	727	365	4244	37	48165.7
内蒙古	2602	260	65	2179	23	36339.3
辽 宁	3565	637	369	2429	53	54904.7
吉 林	538	58	34	433	4	9263.8
黑龙江	911	31	24	855	1	9285.2
上 海	449	6	13	317	78	3001.3
江 苏	3161	220	187	2187	358	91841.7
浙 江	2851	235	88	2286	127	69515.1
安 徽	5057	693	330	3733	205	149954.4
福 建	2246	524	91	1547	68	56519.6
江 西	3272	637	166	2253	95	63964.2
山 东	8983	1045	908	6559	341	192563.2
河 南	5762	1016	749	3696	117	100480.1
湖 北	2803	360	198	2037	147	85863.2
湖 南	2642	647	170	1667	99	57487.4
广 东	4041	676	277	2402	450	113917.3
广 西	1557	472	109	906	41	46331.9
海 南	419	59	11	345	1	13984.9
重 庆	1248	324	76	791	28	33386.4
四 川	4402	1187	270	2635	172	90930.5
贵 州	653	193	94	344	5	27414.9
云 南	2542	530	107	1815	15	49208.8
西 藏	115	22	15	77	1	4151.7
陕 西	1787	311	111	1280	33	40014.0
甘 肃	1459	269	78	1055	20	26115.3
青 海	369	29	16	320	0	7595.7
宁 夏	1215	187	60	932	16	12731.1
新 疆	1443	222	101	1064	14	35482.6

各地区黑色金属冶炼和压延加工业废气排放及治理情况（一）

（2024）

单位：吨

地　区	工业废气中污染物排放量			
	二氧化硫	氮氧化物	颗粒物	挥发性有机物
全　国	**352877**	**657226**	**457073**	**106576**
北　京	2	50	11	6
天　津	2181	4694	2968	1876
河　北	81094	154655	82418	21180
山　西	19123	36562	23863	6951
内蒙古	16953	30192	29276	1331
辽　宁	18378	44086	62140	4882
吉　林	8225	16689	13387	1259
黑龙江	6500	8230	7990	955
上　海	1748	6748	4663	3785
江　苏	21086	43583	30236	10843
浙　江	2156	5783	5091	2362
安　徽	9878	20362	11639	6824
福　建	11208	17737	18933	3724
江　西	13411	19473	14450	2269
山　东	14194	39989	18838	8232
河　南	4503	13145	7199	2567
湖　北	8173	12155	9178	6444
湖　南	6306	18361	13348	3712
广　东	8287	19802	12030	2602
广　西	15900	34321	16781	8104
海　南	0	0	0	0
重　庆	2803	4321	4059	2345
四　川	24248	23404	14221	783
贵　州	6413	10229	5422	756
云　南	13826	20612	11111	364
西　藏	0	0	0	0
陕　西	4990	7211	5519	321
甘　肃	8582	10629	7276	752
青　海	4299	5036	4554	68
宁　夏	11288	19523	10689	135
新　疆	7121	9645	9784	1146

各地区黑色金属冶炼和压延加工业废气排放及治理情况（二）
（2024）

地　区	废气治理设施数/套	脱硫设施	脱硝设施	除尘设施	VOCs治理设施	废气治理设施运行费用/万元
全　国	**17330**	**1754**	**1347**	**12370**	**349**	**6570818.9**
北　京	8	0	0	8	0	428.0
天　津	390	39	16	264	16	179645.4
河　北	3347	399	437	2298	33	1439440.9
山　西	1124	128	94	848	14	397162.2
内蒙古	924	85	56	765	0	177496.0
辽　宁	918	92	43	751	5	386329.2
吉　林	86	15	2	52	0	30772.4
黑龙江	112	10	2	96	0	23183.2
上　海	381	9	12	304	13	121303.9
江　苏	1748	153	85	1059	108	798330.0
浙　江	500	82	12	254	21	142738.2
安　徽	761	107	36	547	18	333586.5
福　建	716	71	71	429	14	156165.3
江　西	368	31	14	303	5	196114.4
山　东	1477	171	254	926	39	621039.4
河　南	618	53	36	509	7	184352.3
湖　北	267	28	21	182	4	268101.1
湖　南	382	39	14	265	8	187114.5
广　东	518	36	41	338	15	284296.6
广　西	445	35	33	351	3	187011.3
海　南	0	0	0	0	0	0.0
重　庆	96	4	3	38	3	10730.4
四　川	388	33	16	308	6	167978.4
贵　州	118	10	4	96	0	33482.1
云　南	372	37	12	319	0	47873.5
西　藏	0	0	0	0	0	0.0
陕　西	166	14	6	120	17	69923.4
甘　肃	279	16	5	235	0	38536.7
青　海	153	6	1	146	0	21016.2
宁　夏	229	18	14	193	0	29520.9
新　疆	439	33	7	366	0	37146.2

11

重点城市废气污染排放及治理统计

重点城市工业废气排放及治理情况（一）

（2024）

单位：吨

区域	城市	工业废气中污染物排放量			
		二氧化硫	氮氧化物	颗粒物	挥发性有机物
总计		**867462**	**1741873**	**931485**	**1545033**
京津冀及周边“2+26”城市（28个城市）	北京	951	9242	1024	12390
	天津	5995	20105	6187	23869
	石家庄	8251	13224	9750	13649
	唐山	52919	108213	65147	39231
	邯郸	24048	40858	22859	20055
	邢台	3285	8232	4485	15277
	保定	2155	4684	4561	3022
	沧州	3993	8986	5543	18390
	廊坊	2529	4586	1788	4207
	衡水	1102	1842	645	1299
	太原	7001	14655	14242	9077
	阳泉	7141	10899	929	191
	长治	6728	16692	7240	13962
	晋城	3534	8653	3982	7284
	济南	7515	19961	8133	9901
	淄博	3501	10670	3807	18817
	济宁	5818	12728	2561	10308
	德州	2896	7059	4016	11098
	聊城	6683	13971	2978	12193
	滨州	14247	20439	5118	26680
	菏泽	7091	10970	2099	17852
	郑州	4842	10654	6165	6918
	开封	1566	2067	253	3761
	安阳	5286	12840	6600	10286
	鹤壁	1095	2102	567	1170
	新乡	2053	5375	2530	7201
	焦作	4082	7772	2923	2819
	濮阳	1269	2461	486	3967
	合计	**197577**	**409942**	**196616**	**324871**
长三角地区（41个城市）	上海	6462	23244	7645	30338
	南京	6010	15129	8619	15032
	无锡	4301	12310	6246	12271
	徐州	7304	14373	5927	19866
	常州	4427	9651	11994	11525
	苏州	18338	36230	13634	36633
	南通	3885	9013	3174	36140
	连云港	3340	7382	2643	10593
	淮安	2189	5906	2098	4000
	盐城	3944	8355	3916	12679
	扬州	3143	11046	4044	10307
	镇江	2714	6624	2471	9531
	泰州	2299	5705	2081	6849
	宿迁	1488	2966	1486	5550

重点城市工业废气排放及治理情况（一）（续表）
（2024）

单位：吨

区域	城市	工业废气中污染物排放量			
		二氧化硫	氮氧化物	颗粒物	挥发性有机物
长三角地区（41个城市）	杭州	2036	7386	6023	18757
	宁波	8061	20338	11148	25137
	温州	4145	9271	1297	22188
	绍兴	3255	8883	2324	7758
	湖州	2802	6129	4836	8567
	嘉兴	3873	11957	5953	35331
	金华	2940	6391	4408	7002
	衢州	2767	7362	6650	4033
	台州	3689	7596	3272	18861
	丽水	752	2032	1576	5503
	舟山	1414	8862	1103	21340
	合肥	3567	12334	4573	8259
	芜湖	6940	18047	10368	12031
	蚌埠	2009	4988	1056	1154
	淮南	5968	9405	2725	1189
	马鞍山	7815	16726	10254	29317
	淮北	6067	8816	4921	4317
	铜陵	2735	8609	10959	7343
	安庆	2661	5931	3007	4251
	黄山	463	548	726	3559
	阜阳	4936	5689	4882	4188
	宿州	2830	5266	2379	2201
	滁州	4996	11833	5036	6321
	六安	3248	5292	4251	3114
	宣城	2223	4553	4755	6761
	池州	5840	10121	6381	7658
	亳州	2359	2812	1692	4336
	合计	**170236**	**395113**	**202529**	**501793**
汾渭平原（11个城市）	吕梁	15961	22267	27356	18258
	晋中	9892	13640	13498	10703
	临汾	7222	10530	11522	8897
	运城	16249	25223	15201	19678
	洛阳	5676	9881	3726	3594
	三门峡	2975	4615	1065	449
	西安	1589	4470	643	3100
	咸阳	1389	3200	3181	8260
	宝鸡	1766	4259	3016	1476
	铜川	3297	6195	3986	693
	渭南	2284	5230	16813	4530
	合计	**68300**	**109510**	**100007**	**79638**
成渝地区（16个城市）	重庆	28583	49454	29886	42848
	成都	2601	9829	3042	16413
	自贡	586	1114	1096	368
	泸州	2343	3649	2130	5897

重点城市工业废气排放及治理情况（一）（续表）

（2024）

单位：吨

区域	城市	工业废气中污染物排放量			
		二氧化硫	氮氧化物	颗粒物	挥发性有机物
成渝地区（16个城市）	德阳	2919	4677	3029	2073
	绵阳	1950	4808	2675	6768
	遂宁	1039	1885	1060	1337
	内江	3544	6455	3812	1890
	乐山	4007	12639	6661	19772
	眉山	1275	3406	1236	1499
	宜宾	2882	5621	4221	2703
	雅安	1007	1621	1018	289
	资阳	260	626	307	230
	南充	717	1347	650	3189
	广安	1938	5132	2521	3846
	达州	6384	11644	13565	2341
	合计	**62036**	**123909**	**76909**	**111460**
长江中游城市群（22个城市）	武汉	4804	12138	5433	14197
	咸宁	1938	4438	2355	2450
	孝感	2336	3914	1543	2132
	黄冈	3506	6061	3661	2756
	黄石	4263	10659	8082	9040
	鄂州	4909	4673	4480	1664
	襄阳	2584	5825	3766	2901
	宜昌	7404	10777	5878	11546
	荆门	3633	6940	4594	7945
	荆州	3050	7843	1536	3716
	随州	663	1310	729	508
	南昌	2037	4755	3441	2796
	萍乡	3485	7401	5624	1655
	新余	11374	15065	6711	2850
	宜春	6639	21637	4095	5263
	九江	5271	13025	12456	23614
	长沙	1174	4013	1706	10963
	株洲	2047	4899	2259	6408
	湘潭	3963	10515	6379	5490
	岳阳	2764	6498	2142	8531
	常德	1805	3897	2651	2162
	益阳	1041	3161	1920	2759
	合计	**80689**	**169444**	**91438**	**131346**
珠三角地区（9个城市）	广州	1943	11031	4021	25837
	深圳	1568	4414	771	14801
	珠海	1944	5509	1704	12659
	佛山	2412	10738	3464	18945
	江门	2289	10366	2102	9240
	肇庆	1916	13538	3525	6524
	惠州	3556	14547	5190	17522
	东莞	3328	11249	4261	17318

重点城市工业废气排放及治理情况（一）（续表）
（2024）

单位：吨

区 域	城 市	工业废气中污染物排放量			
		二氧化硫	氮氧化物	颗粒物	挥发性有机物
珠三角地区（9个城市）	中 山	1619	4366	607	8660
	合 计	**20575**	**85757**	**25645**	**131506**
其他城市（41个城市）	秦皇岛	5313	12101	10223	5262
	张家口	3710	6501	1962	1200
	承 德	9197	14272	13136	1630
	大 同	4119	8112	2322	1183
	朔 州	4846	11166	21934	1471
	忻 州	4561	10981	21293	3898
	呼和浩特	11958	18821	3807	16954
	包 头	23248	28606	14072	4675
	沈 阳	6209	13896	2161	9683
	大 连	7172	17540	5121	19597
	锦 州	3186	4702	2143	4168
	朝 阳	5956	14883	11364	1575
	葫芦岛	3654	6015	2358	5306
	长 春	7345	15663	5554	7971
	哈尔滨	6035	14357	5873	3482
	青 岛	2766	9590	3609	16022
	枣 庄	1913	5624	3010	8950
	东 营	6600	13382	1740	22216
	潍 坊	6341	17485	5308	19474
	泰 安	6552	10722	5002	4177
	日 照	6006	18984	8748	6940
	临 沂	9815	25091	10861	13913
	平顶山	4167	7930	7788	7767
	许 昌	2055	4919	3018	2957
	漯 河	649	1249	368	1429
	南 阳	2618	5478	2746	1261
	商 丘	3239	5718	2870	1184
	信 阳	1654	3658	1090	663
	周 口	2291	2909	764	684
	驻马店	929	2687	1460	1252
	福 州	12151	27796	12877	16118
	厦 门	376	2583	467	5768
	南 宁	2079	11397	2980	7381
	海 口	94	268	63	815
	贵 阳	15320	8757	4297	5873
	昆 明	19411	20394	13711	12598
	拉 萨	383	1514	1525	143
	兰 州	17203	13738	5682	5293
	西 宁	28166	9315	7352	1780
	银 川	5648	11322	2858	3748
	乌鲁木齐	3114	8070	4820	7954
	合 计	**268049**	**448198**	**238341**	**264417**

重点城市工业废气排放及治理情况（二）
（2024）

区　域	城　市	废气治理设施数/套	脱硫设施	脱硝设施	除尘设施	VOCs治理设施	废气治理设施运行费用/万元
总　计		**369525**	**22131**	**20972**	**159409**	**119533**	**18208901.1**
京津冀及周边“2+26”城市（28个城市）	北　京	3303	41	97	1391	1299	77993.8
	天　津	8377	270	273	3614	3474	423709.6
	石家庄	4520	177	498	2219	1242	189631.1
	唐　山	6824	472	760	4782	468	1053557.2
	邯　郸	2172	172	253	1222	270	280494.0
	邢　台	3087	176	241	1654	798	84026.8
	保　定	3532	164	342	1748	1166	63048.9
	沧　州	6627	156	351	3576	2031	207220.9
	廊　坊	2702	117	201	1253	819	52539.3
	衡　水	3916	65	153	1907	1513	34021.6
	太　原	920	60	69	665	94	229082.7
	阳　泉	854	146	92	582	19	22804.8
	长　治	1411	201	130	963	64	137709.9
	晋　城	1302	139	230	773	82	73978.8
	济　南	4715	233	763	2348	1063	370205.3
	淄　博	5055	340	580	2629	1134	175709.4
	济　宁	2698	190	209	1286	786	145989.4
	德　州	3013	152	314	1447	840	111469.9
	聊　城	3696	184	520	2009	816	190199.7
	滨　州	3160	342	332	1394	760	190524.9
	菏　泽	1974	273	280	755	526	83693.9
	郑　州	3263	288	397	1622	690	115695.9
	开　封	599	53	49	255	175	24126.5
	安　阳	1805	173	169	1104	234	167802.4
	鹤　壁	654	52	64	273	208	33793.2
	新　乡	1728	107	140	885	488	59202.0
	焦　作	1738	149	173	827	439	105395.6
	濮　阳	1018	53	71	442	362	26435.1
	合　计	**84663**	**4945**	**7751**	**43625**	**21860**	**4730062.6**
长三角地区（41个城市）	上　海	13090	174	434	4472	5760	628447.9
	南　京	2659	71	90	741	1392	299438.7
	无　锡	8137	125	135	2551	3646	305041.4
	徐　州	2113	145	118	1031	596	145570.0
	常　州	5183	141	102	1398	2231	110850.1
	苏　州	13113	191	204	3645	6713	737239.5
	南　通	5909	165	195	2280	2545	203101.3
	连云港	1130	87	79	500	294	105851.9
	淮　安	1336	102	57	414	426	83681.0
	盐　城	2561	182	100	985	840	196124.2
	扬　州	2823	200	102	989	1040	109248.2
	镇　江	1938	118	104	693	773	161489.4
	泰　州	1835	93	70	623	679	47807.9
	宿　迁	1448	71	57	405	593	41602.0

重点城市工业废气排放及治理情况（二）（续表）
（2024）

区　域	城　市	废气治理设施数/套	脱硫设施	脱硝设施	除尘设施	VOCs治理设施	废气治理设施运行费用/万元
长三角地区（41个城市）	杭　州	4191	182	138	1277	1850	118490.2
	宁　波	3768	218	93	1187	1334	299322.5
	温　州	4631	145	106	1013	2190	191602.1
	绍　兴	4211	234	81	912	1882	118498.1
	湖　州	4149	171	78	1613	1774	98110.1
	嘉　兴	5234	122	126	1904	2559	180540.6
	金　华	5441	133	48	2664	2091	189281.4
	衢　州	1578	110	53	686	473	124544.0
	台　州	5597	99	52	2463	2144	142565.8
	丽　水	1650	106	23	726	564	25343.8
	舟　山	343	27	26	137	106	37742.4
	合　肥	3343	106	64	1216	1504	128671.1
	芜　湖	2202	85	145	972	891	119169.7
	蚌　埠	801	67	58	362	245	12226.6
	淮　南	512	89	44	279	68	143336.6
	马鞍山	2100	123	54	1273	421	286703.0
	淮　北	1610	126	79	970	319	77944.5
	铜　陵	870	66	35	455	209	99296.7
	安　庆	948	56	28	406	359	26500.2
	黄　山	703	14	8	382	242	6676.0
	阜　阳	1272	144	66	656	309	36476.7
	宿　州	972	87	62	472	270	26455.5
	滁　州	1854	138	101	608	720	50345.0
	六　安	1093	64	40	624	217	97781.5
	宣　城	2814	180	94	1287	840	36511.2
	池　州	2204	137	52	1477	329	48925.9
	亳　州	718	75	41	413	154	14786.0
	合　计	**128084**	**4969**	**3642**	**47161**	**51592**	**5913340.8**
汾渭平原（11个城市）	吕　梁	1734	165	178	1172	138	147181.0
	晋　中	1732	190	146	1120	209	98922.3
	临　汾	1434	119	88	1145	54	102464.0
	运　城	2424	271	188	1540	252	165431.2
	洛　阳	1803	124	116	1081	361	123054.5
	三门峡	508	77	68	272	45	43316.3
	西　安	1668	34	109	544	586	72089.3
	咸　阳	782	38	63	327	240	29328.3
	宝　鸡	1066	89	109	591	179	57050.6
	铜　川	335	27	14	234	28	23699.4
	渭　南	949	90	71	483	201	42753.4
	合　计	**14435**	**1224**	**1150**	**8509**	**2293**	**905290.4**
成渝地区（16个城市）	重　庆	6284	510	255	2724	1571	303537.2
	成　都	8252	155	420	3332	3448	149979.8
	自　贡	581	54	12	270	167	5220.4
	泸　州	931	102	42	455	273	26843.2

重点城市工业废气排放及治理情况（二）（续表）
（2024）

区　域	城　市	废气治理设施数/套	脱硫设施	脱硝设施	除尘设施	VOCs治理设施	废气治理设施运行费用/万元
成渝地区（16个城市）	德　阳	1061	124	44	496	277	30852.6
	绵　阳	978	98	36	476	235	27109.6
	遂　宁	724	82	19	288	179	18072.6
	内　江	387	88	32	168	59	55770.6
	乐　山	829	133	90	420	106	41068.3
	眉　山	1263	122	66	506	351	23671.6
	宜　宾	768	96	34	313	221	45303.2
	雅　安	433	66	15	258	39	11988.6
	资　阳	278	49	6	121	77	2105.1
	南　充	640	110	15	360	110	5689.9
	广　安	307	58	18	112	79	22858.8
	达　州	373	128	21	161	27	46173.8
	合　计	**24089**	**1975**	**1125**	**10460**	**7219**	**816245.4**
长江中游城市群（22个城市）	武　汉	2990	94	110	1072	1035	220858.9
	咸　宁	618	39	37	327	190	41449.3
	孝　感	691	77	53	241	191	38702.8
	黄　冈	1044	83	57	509	268	45939.2
	黄　石	1426	144	79	772	238	116217.2
	鄂　州	495	18	16	325	93	83978.9
	襄　阳	1620	101	55	955	359	36966.3
	宜　昌	1032	116	51	531	228	64476.6
	荆　门	874	110	62	330	293	68843.1
	荆　州	1267	91	63	636	356	50014.0
	随　州	338	26	11	185	85	14858.3
	南　昌	1574	48	20	856	404	56373.2
	萍　乡	734	89	22	461	106	53776.1
	新　余	616	62	22	388	77	98907.9
	宜　春	1755	326	109	875	272	81488.3
	九　江	1742	181	43	733	476	105748.6
	长　沙	2270	75	72	909	824	31128.8
	株　洲	1056	105	34	514	335	30680.7
	湘　潭	816	53	33	422	234	93088.5
	岳　阳	983	128	58	414	302	54225.7
	常　德	719	109	67	330	177	23228.1
	益　阳	539	53	18	279	158	16770.9
	合　计	**25199**	**2128**	**1092**	**12064**	**6701**	**1427721.1**
珠三角地区（9个城市）	广　州	5858	143	123	1956	2956	169195.4
	深　圳	5716	280	60	580	2106	114400.5
	珠　海	3061	55	23	1019	1339	80249.1
	佛　山	3631	124	65	1099	1798	101648.9
	江　门	2289	106	71	762	933	148899.4
	肇　庆	1788	156	69	639	509	39993.2
	惠　州	3896	222	128	1188	1634	106331.7
	东　莞	9133	321	132	2154	4903	134126.8

重点城市工业废气排放及治理情况（二）（续表）
（2024）

区　域	城　市	废气治理设施数/套	脱硫设施	脱硝设施	除尘设施	VOCs治理设施	废气治理设施运行费用/万元
珠三角地区（9个城市）	中　山	3327	79	39	790	1632	31556.1
	合　计	**38699**	**1486**	**710**	**10187**	**17810**	**926401.1**
其他城市（41个城市）	秦皇岛	1449	118	147	854	242	166429.3
	张家口	1036	149	233	493	133	61761.2
	承　德	1117	103	89	878	30	133386.0
	大　同	1295	128	88	983	71	47675.9
	朔　州	610	151	55	316	70	69157.1
	忻　州	742	83	284	349	15	38396.3
	呼和浩特	747	146	114	358	47	117336.2
	包　头	1288	114	78	901	59	227569.0
	沈　阳	2390	352	345	1008	484	67368.9
	大　连	2388	351	267	1049	535	136849.5
	锦　州	770	102	51	505	69	33381.8
	朝　阳	778	128	39	524	59	79420.3
	葫芦岛	507	112	52	242	74	16994.7
	长　春	1695	231	143	869	337	53035.5
	哈尔滨	1083	191	219	562	76	60327.1
	青　岛	3928	192	361	1757	1359	180147.4
	枣　庄	1220	104	116	551	359	82449.4
	东　营	1985	151	174	653	875	130553.6
	潍　坊	5750	392	852	2454	1681	305850.9
	泰　安	2114	159	176	1168	422	94553.1
	日　照	1108	114	110	574	199	269942.3
	临　沂	4964	365	558	2313	1273	177770.1
	平顶山	853	105	58	500	130	67609.0
	许　昌	848	103	53	406	234	34329.2
	漯　河	349	27	18	141	151	7450.2
	南　阳	775	104	69	433	118	49288.0
	商　丘	790	95	119	365	172	45865.0
	信　阳	539	54	35	303	97	19950.4
	周　口	646	93	46	295	136	27443.2
	驻马店	554	65	34	255	141	18272.7
	福　州	2279	182	151	1086	713	197171.6
	厦　门	1940	33	41	799	889	52420.1
	南　宁	556	79	28	260	104	30838.0
	海　口	183	1	2	117	46	1186.1
	贵　阳	543	53	22	236	154	32065.3
	昆　明	1572	218	50	944	198	94298.3
	拉　萨	96	13	7	65	3	2817.1
	兰　州	896	103	94	582	70	48994.8
	西　宁	699	37	22	473	86	53088.0
	银　川	694	57	56	454	81	100256.6
	乌鲁木齐	580	46	46	328	66	56140.4
	合　计	**54356**	**5404**	**5502**	**27403**	**12058**	**3489839.6**

重点城市生活废气排放情况

（2024）

单位：吨

区　域	城　市	生活废气中污染物排放量			
		二氧化硫	氮氧化物	颗粒物	挥发性有机物
总　计		**261427**	**208178**	**799296**	**1237763**
京津冀及周边“2+26”城市（28个城市）	北　京	101	8219	1236	26859
	天　津	108	2727	1307	17123
	石家庄	816	2608	4272	13091
	唐　山	2820	3204	14250	11093
	邯　郸	4521	4154	22753	13264
	邢　台	317	1418	1694	7728
	保　定	1638	3316	8407	11892
	沧　州	222	1630	1243	8401
	廊　坊	151	2003	929	6479
	衡　水	631	1226	3233	4992
	太　原	1	2644	242	7188
	阳　泉	1651	604	4141	2055
	长　治	8400	2752	21041	6597
	晋　城	2330	1404	5893	3392
	济　南	1261	1543	3469	12289
	淄　博	2418	1488	6519	6333
	济　宁	4725	2006	12657	10845
	德　州	1560	1464	4251	6762
	聊　城	855	1038	2352	6749
	滨　州	1500	731	4027	5127
	菏　泽	1286	651	3455	9555
	郑　州	37	1231	179	16316
	开　封	...	351	32	4938
	安　阳	3	236	26	5730
	鹤　壁	...	145	13	1757
	新　乡	580	297	1071	6678
	焦　作	105	323	218	3726
	濮　阳	...	196	18	4015
	合　计	**38038**	**49610**	**128928**	**240976**
长三角地区（41个城市）	上　海	77	4339	697	28709
	南　京	1	1495	137	12111
	无　锡	1	1181	108	9458
	徐　州	4	812	90	10330
	常　州	60	271	262	6811
	苏　州	...	893	82	17198
	南　通	...	134	12	9436
	连云港	3	808	84	5216
	淮　安	...	748	69	5089
	盐　城	508	641	2068	7831
	扬　州	480	525	1947	5556
	镇　江	676	485	2722	4161
	泰　州	501	545	2035	5495
	宿　迁	521	475	2107	5916

重点城市生活废气排放情况（续表）
（2024）

单位：吨

区 域	城 市	生活废气中污染物排放量			
		二氧化硫	氮氧化物	颗粒物	挥发性有机物
长三角地区（41个城市）	杭 州	73	392	242	15901
	宁 波	88	426	287	12556
	温 州	62	253	199	12330
	绍 兴	133	181	393	6810
	湖 州	18	148	63	4343
	嘉 兴	55	205	173	7135
	金 华	70	156	212	9969
	衢 州	46	102	138	2721
	台 州	30	78	91	8293
	丽 水	16	50	49	2882
	舟 山	…	37	3	1339
	合 肥	1338	2784	13497	13667
	芜 湖	…	700	64	4098
	蚌 埠	102	595	1062	3549
	淮 南	29	323	313	3091
	马鞍山	25	326	272	2354
	淮 北	100	176	1006	2197
	铜 陵	2	62	26	1401
	安 庆	68	206	692	4321
	黄 山	4	60	48	1392
	阜 阳	15	379	183	8028
	宿 州	11	230	125	5252
	滁 州	56	674	616	4229
	六 安	21	327	232	4391
	宣 城	27	52	267	2735
	池 州	23	80	236	1420
	亳 州	9	240	113	4894
	合 计	**5253**	**22595**	**33024**	**284613**
汾渭平原（11个城市）	吕 梁	3773	1483	9474	4869
	晋 中	3128	1045	7837	4797
	临 汾	1906	1073	4815	4957
	运 城	4045	1736	10170	6669
	洛 阳	1129	529	2080	7888
	三门峡	176	70	323	2172
	西 安	3	4768	440	17123
	咸 阳	1046	772	3030	4766
	宝 鸡	2226	1205	6406	4582
	铜 川	735	434	2119	1093
	渭 南	854	724	2480	5288
	合 计	**19022**	**13839**	**49173**	**64205**
成渝地区（16个城市）	重 庆	3879	6303	5093	36682
	成 都	912	7042	2030	27364
	自 贡	3	461	46	2619
	泸 州	2164	738	3363	5079

重点城市生活废气排放情况（续表）
（2024）

单位：吨

区域	城市	生活废气中污染物排放量			
		二氧化硫	氮氧化物	颗粒物	挥发性有机物
成渝地区（16个城市）	德阳	791	941	1291	4258
	绵阳	76	1339	238	6001
	遂宁	748	651	1198	3156
	内江	3433	976	5317	4027
	乐山	114	901	256	3553
	眉山	515	1132	888	3414
	宜宾	82	713	190	4977
	雅安	471	140	731	1675
	资阳	649	305	1016	2489
	南充	322	728	557	5959
	广安	1660	602	2582	3765
	达州	182	511	323	5583
	合计	**16002**	**23482**	**25119**	**120601**
长江中游城市群（22个城市）	武汉	9304	4354	18818	20332
	咸宁	1209	436	2433	3144
	孝感	6583	1587	13178	6286
	黄冈	2033	858	4104	6651
	黄石	1257	628	2546	3025
	鄂州	292	157	591	1194
	襄阳	925	925	1916	6166
	宜昌	1416	562	2854	4956
	荆门	78	290	181	2878
	荆州	2550	739	5116	6225
	随州	5293	1287	10596	3725
	南昌	4229	1932	8549	9127
	萍乡	2460	794	4942	2762
	新余	141	134	290	1396
	宜春	7953	1938	15923	7979
	九江	8542	2092	17103	7571
	长沙	1418	1252	3624	13452
	株洲	1879	915	4734	4945
	湘潭	3407	1248	8544	4234
	岳阳	3963	1419	9938	6905
	常德	3150	1171	7902	6754
	益阳	2316	804	5806	4883
	合计	**70397**	**25519**	**149690**	**134590**
珠三角地区（9个城市）	广州	421	1806	1355	18802
	深圳	…	1032	95	18282
	珠海	4	126	22	2931
	佛山	292	532	875	11330
	江门	26	72	79	4938
	肇庆	39	126	122	4016
	惠州	113	535	369	6821
	东莞	2759	1679	7956	13912

重点城市生活废气排放情况（续表）
（2024）

单位：吨

区域	城市	生活废气中污染物排放量			
		二氧化硫	氮氧化物	颗粒物	挥发性有机物
珠三角地区（9个城市）	中　山	…	751	69	5524
	合　计	**3656**	**6658**	**10943**	**86557**
其他城市（41个城市）	秦皇岛	1333	1005	6690	4511
	张家口	779	902	3938	5057
	承　德	4749	2645	23746	7042
	大　同	3011	1085	7550	4592
	朔　州	306	252	781	1823
	忻　州	5459	1561	13653	4767
	呼和浩特	960	1180	4860	5322
	包　头	9180	5793	45967	10201
	沈　阳	2600	1623	6583	12714
	大　连	1246	1023	3177	9615
	锦　州	2780	1600	7027	4049
	朝　阳	7350	2042	18378	5821
	葫芦岛	4544	1387	11373	4492
	长　春	9056	5556	36364	16450
	哈尔滨	30522	17523	152677	34340
	青　岛	2366	1578	6389	13407
	枣　庄	1500	536	4009	5184
	东　营	225	418	632	2861
	潍　坊	4245	2369	11422	12498
	泰　安	1204	773	3249	6144
	日　照	1631	798	4379	4095
	临　沂	1613	1519	4396	13016
	平顶山	1082	605	2003	5372
	许　昌	600	308	1107	4755
	漯　河	163	200	311	2484
	南　阳	715	309	1315	9837
	商　丘	170	258	329	7962
	信　阳	1297	870	2413	6434
	周　口	187	515	384	8721
	驻马店	66	294	145	6777
	福　州	723	660	1492	8440
	厦　门	122	234	264	5956
	南　宁	1107	609	2247	10022
	海　口	…	363	33	3561
	贵　阳	2502	787	2824	7556
	昆　明	2821	1406	4783	11193
	拉　萨	…	72	7	1135
	兰　州	333	1435	1449	5194
	西　宁	230	1163	2381	3385
	银　川	269	1678	1481	3911
	乌鲁木齐	11	1543	210	5528
	合　计	**109060**	**66475**	**402418**	**306221**

重点城市移动源废气排放情况

（2024）

单位：吨

区域	城市	移动源废气中污染物排放量		
		氮氧化物	颗粒物	挥发性有机物
总计		**2996339**	**24048**	**1503386**
京津冀及周边“2+26”城市（28个城市）	北京	44563	304	31609
	天津	52373	478	33031
	石家庄	63763	330	19117
	唐山	55105	261	15676
	邯郸	39987	197	11271
	邢台	37127	193	9604
	保定	47626	265	15851
	沧州	67964	386	13988
	廊坊	12844	149	8432
	衡水	20892	159	5646
	太原	15432	119	12855
	阳泉	4763	17	2146
	长治	4761	37	4320
	晋城	3718	22	3344
	济南	20626	208	17961
	淄博	14578	112	8671
	济宁	50823	283	10371
	德州	17065	157	8164
	聊城	28613	142	8002
	滨州	8027	96	6919
	菏泽	26040	205	8921
	郑州	28596	253	25456
	开封	7743	57	3751
	安阳	14854	66	6409
	鹤壁	8159	42	1919
	新乡	11644	85	7093
	焦作	21739	110	4433
	濮阳	6910	54	4681
	合计	**736332**	**4787**	**309639**
长三角地区（41个城市）	上海	78772	525	20710
	南京	30100	216	16330
	无锡	21771	156	11461
	徐州	24821	214	9751
	常州	11584	81	7600
	苏州	33128	265	21751
	南通	14648	129	11057
	连云港	16940	123	4788
	淮安	9578	74	4125
	盐城	15865	137	6429
	扬州	8346	77	11359
	镇江	4578	33	3491
	泰州	8616	62	5612
	宿迁	14224	153	5218

注：2023年起重点城市移动源氮氧化物、颗粒物数据口径为机动车污染排放，重点城市移动源挥发性有机物数据口径为机动车和储油库，下同。

重点城市移动源废气排放情况（续表）

（2024）

单位：吨

区 域	城 市	移动源废气中污染物排放量		
		氮氧化物	颗粒物	挥发性有机物
长三角地区（41个城市）	杭 州	51133	349	17880
	宁 波	41610	318	20144
	温 州	15871	144	13955
	绍 兴	12793	102	8896
	湖 州	9548	82	5483
	嘉 兴	14587	122	13888
	金 华	15020	226	14637
	衢 州	10147	76	3076
	台 州	14327	150	10867
	丽 水	5111	51	3703
	舟 山	4780	31	12202
	合 肥	17471	163	11556
	芜 湖	7726	53	3993
	蚌 埠	13411	100	3020
	淮 南	6417	48	2318
	马鞍山	4191	28	1983
	淮 北	6533	40	1922
	铜 陵	2705	26	1166
	安 庆	5707	50	5785
	黄 山	3539	20	1539
	阜 阳	22945	193	5845
	宿 州	18571	124	3980
	滁 州	14463	98	3223
	六 安	13251	93	3680
	宣 城	8744	72	2814
	池 州	3195	20	1234
	亳 州	24650	177	3736
	合 计	**661420**	**5202**	**322204**
汾渭平原（11个城市）	吕 梁	11004	46	5274
	晋 中	14202	45	6417
	临 汾	11606	48	6553
	运 城	18961	97	7624
	洛 阳	14537	78	11576
	三门峡	23654	126	4997
	西 安	35892	236	25151
	咸 阳	10220	39	5436
	宝 鸡	6833	36	2845
	铜 川	2310	8	752
	渭 南	10786	60	3938
	合 计	**160006**	**819**	**80565**
成渝地区（16个城市）	重 庆	73956	612	37063
	成 都	42957	310	30869
	自 贡	2599	18	2252
	泸 州	4331	44	3363

重点城市移动源废气排放情况（续表）
（2024）

单位：吨

区　域	城　市	移动源废气中污染物排放量		
		氮氧化物	颗粒物	挥发性有机物
成渝地区（16个城市）	德　阳	4085	37	3712
	绵　阳	6131	52	5098
	遂　宁	3042	23	2431
	内　江	3550	24	2391
	乐　山	5441	39	3365
	眉　山	3347	33	3008
	宜　宾	3992	34	3802
	雅　安	2426	20	1417
	资　阳	1772	16	1626
	南　充	6634	60	4215
	广　安	2107	18	2091
	达　州	4109	39	3179
	合　计	**170479**	**1381**	**109881**
长江中游城市群（22个城市）	武　汉	35054	304	19036
	咸　宁	4563	57	2092
	孝　感	3523	30	2483
	黄　冈	5489	83	4491
	黄　石	3303	28	2012
	鄂　州	952	8	594
	襄　阳	17324	149	5376
	宜　昌	10037	98	5158
	荆　门	16320	89	2787
	荆　州	7576	68	4427
	随　州	11179	64	1587
	南　昌	12486	130	7289
	萍　乡	3387	34	2465
	新　余	4798	43	1575
	宜　春	52292	336	6537
	九　江	8173	104	6564
	长　沙	14638	142	16457
	株　洲	4069	38	4039
	湘　潭	2782	24	2379
	岳　阳	6628	71	11460
	常　德	7056	77	4270
	益　阳	5815	55	3056
	合　计	**237443**	**2033**	**116133**
珠三角地区（9个城市）	广　州	56231	531	21962
	深　圳	64556	473	20357
	珠　海	8096	75	6361
	佛　山	25177	259	18501
	江　门	11698	102	7183
	肇　庆	7442	62	5013
	惠　州	13515	103	17376
	东　莞	31800	257	22749

重点城市移动源废气排放情况（续表）
（2024）

单位：吨

区　域	城　市	移动源废气中污染物排放量		
		氮氧化物	颗粒物	挥发性有机物
珠三角地区（9个城市）	中　山	8868	112	8790
	合　计	**227382**	**1973**	**128293**
其他城市（41个城市）	秦皇岛	10156	68	5659
	张家口	22070	113	7546
	承　德	13409	87	4675
	大　同	22687	109	7625
	朔　州	5580	28	1960
	忻　州	10204	48	3027
	呼和浩特	18831	135	11425
	包　头	12238	57	6966
	沈　阳	43458	638	29803
	大　连	46879	743	18504
	锦　州	31709	566	7806
	朝　阳	10282	250	6756
	葫芦岛	18173	272	6824
	长　春	29405	422	23483
	哈尔滨	21506	159	19397
	青　岛	47734	366	28407
	枣　庄	16585	91	5969
	东　营	13845	98	24371
	潍　坊	41702	358	19872
	泰　安	21336	285	8978
	日　照	6883	80	11641
	临　沂	58877	435	16433
	平顶山	10693	265	5767
	许　昌	4191	52	4361
	漯　河	8887	59	2565
	南　阳	17469	231	9741
	商　丘	17441	140	7025
	信　阳	6501	87	4567
	周　口	30335	222	5987
	驻马店	9694	67	6488
	福　州	15528	132	9039
	厦　门	12831	93	9157
	南　宁	19574	215	14057
	海　口	7546	102	4188
	贵　阳	22878	211	10985
	昆　明	27956	202	17724
	拉　萨	3265	17	3487
	兰　州	15331	95	13055
	西　宁	13341	60	8002
	银　川	21938	92	9072
	乌鲁木齐	14329	105	14277
	合　计	**803278**	**7854**	**436671**

12

重点流域工业废水污染排放及治理统计

重点流域工业废水排放及治理情况（一）
（2024）

单位：吨

流域	地区	工业废水中污染物排放量			
		化学需氧量	氨氮	总氮	总磷
总　计		**117166.5**	**4331.1**	**30544.4**	**820.9**
辽河	内蒙古	1313.0	23.4	211.3	8.0
	辽　宁	4808.8	136.8	1187.0	52.3
	吉　林	130.0	4.6	45.7	0.9
	合　计	**6251.8**	**164.9**	**1444.0**	**61.2**
海河	北　京	876.9	13.7	418.7	5.4
	天　津	1269.5	15.7	499.6	9.6
	河　北	3567.9	89.5	1195.9	22.3
	山　西	561.5	22.9	99.2	3.2
	内蒙古	36.5	0.9	2.0	0.1
	山　东	11755.4	229.8	3492.3	52.6
	河　南	2647.7	123.7	725.0	15.7
	合　计	**20715.3**	**496.2**	**6432.7**	**108.9**
淮河	江　苏	13665.5	407.2	2251.4	84.3
	安　徽	3776.0	231.2	783.2	22.3
	山　东	6715.1	229.9	2035.3	83.7
	河　南	3006.4	83.7	1044.9	21.3
	合　计	**27163.0**	**952.0**	**6114.8**	**211.5**
松花江	内蒙古	236.3	6.9	70.2	1.9
	吉　林	2521.7	82.2	578.9	19.4
	黑龙江	4408.0	393.4	1534.6	32.4
	合　计	**7166.0**	**482.5**	**2183.7**	**53.8**
长江中下游	上　海	9321.8	241.1	3358.9	42.1
	江　苏	3886.0	56.4	929.8	19.1
	安　徽	3800.5	108.3	846.1	45.7
	江　西	11683.8	687.1	2103.3	77.6
	河　南	458.2	16.2	97.2	3.5
	湖　北	8763.1	410.8	2421.2	57.5
	湖　南	7029.9	304.3	1280.8	54.6
	广　西	58.0	2.2	11.2	0.8
	合　计	**45001.3**	**1826.3**	**11048.4**	**300.9**
黄河中上游	山　西	1832.6	61.4	639.5	15.6
	内蒙古	1405.9	69.4	547.9	11.4
	河　南	1626.7	64.8	423.2	11.0
	陕　西	2952.8	103.1	711.3	25.4
	甘　肃	1410.3	72.9	574.6	10.4
	青　海	89.8	4.4	13.8	0.4
	宁　夏	1551.1	33.3	410.6	10.4
	合　计	**10869.1**	**409.3**	**3320.8**	**84.6**

注：2023年起工业废水统计调查范围为重点调查单位，不含非重点调查单位，下同。

重点流域工业废水排放及治理情况（二）
（2024）

流域	地区	废水治理设施数量/套	废水治理设施治理能力/（万吨/日）	废水治理设施运行费用/万元
总计		**31533**	**9132.6**	**3663282.4**
辽河	内蒙古	239	74.8	41711.1
	辽　宁	1141	828.9	235586.7
	吉　林	61	12.9	2330.8
	合　计	**1441**	**916.6**	**279628.6**
海河	北　京	384	37.6	23293.9
	天　津	858	68.5	76410.0
	河　北	2902	1067.8	288841.8
	山　西	420	105.0	34766.6
	内蒙古	32	6.6	1502.2
	山　东	2081	509.0	314514.6
	河　南	591	304.9	80031.6
	合　计	**7268**	**2099.5**	**819360.8**
淮河	江　苏	2380	369.6	151558.0
	安　徽	1402	279.4	104233.0
	山　东	1343	280.7	167247.0
	河　南	936	280.7	55955.9
	合　计	**6061**	**1210.5**	**478993.9**
松花江	内蒙古	123	23.9	17978.5
	吉　林	296	56.1	29428.3
	黑龙江	746	544.5	141366.6
	合　计	**1165**	**624.5**	**188773.4**
长江中下游	上　海	1651	132.8	123895.4
	江　苏	1134	222.0	116182.0
	安　徽	1317	554.8	143594.6
	江　西	2793	659.4	260796.8
	河　南	105	18.9	7527.8
	湖　北	2046	733.2	233145.7
	湖　南	2004	372.1	112713.4
	广　西	26	1.4	113.2
	合　计	**11076**	**2694.7**	**997968.9**
黄河中上游	山　西	1167	393.9	136051.1
	内蒙古	866	458.4	394204.5
	河　南	632	253.0	70806.5
	陕　西	1007	285.0	182939.9
	甘　肃	447	81.3	52434.8
	青　海	44	5.7	2584.7
	宁　夏	359	109.6	59535.3
	合　计	**4522**	**1586.8**	**898556.8**

重点流域工业废水污染防治投资情况

（2024）

流 域	地 区	工业废水治理施工项目数量/个	工业废水治理竣工项目数量/个	工业废水治理施工项目本年完成投资/万元
总 计		**186**	**165**	**195682.8**
辽 河	内蒙古	3	2	1925.0
	辽 宁	7	7	10225.2
	吉 林	0	0	0.0
	合 计	**10**	**9**	**12150.2**
海 河	北 京	5	5	1055.0
	天 津	2	1	31.0
	河 北	12	11	10874.9
	山 西	1	0	180.0
	内蒙古	0	0	0.0
	山 东	6	6	5145.0
	河 南	3	3	3754.0
	合 计	**29**	**26**	**21039.9**
淮 河	江 苏	5	5	3975.0
	安 徽	6	6	11944.2
	山 东	5	4	16466.7
	河 南	5	4	5643.9
	合 计	**21**	**19**	**38029.9**
松花江	内蒙古	2	2	2131.7
	吉 林	4	3	8471.0
	黑龙江	4	3	2645.3
	合 计	**10**	**8**	**13248.0**
长江中下游	上 海	30	28	56185.5
	江 苏	3	3	1489.3
	安 徽	2	1	460.0
	江 西	15	12	2233.4
	河 南	0	0	0.0
	湖 北	14	10	23933.6
	湖 南	13	12	4913.0
	广 西	0	0	0.0
	合 计	**77**	**66**	**89214.8**
黄河中上游	山 西	3	3	3391.0
	内蒙古	6	5	6222.8
	河 南	8	8	3337.3
	陕 西	18	17	8612.2
	甘 肃	2	2	186.8
	青 海	2	2	250.0
	宁 夏	0	0	0.0
	合 计	**39**	**37**	**22000.1**

重点湖泊水库工业废水排放及治理情况（一）
（2024）

单位：吨

湖泊水库	地区	工业废水中污染物排放量			
		化学需氧量	氨氮	总氮	总磷
总　计		**35224.6**	**1323.6**	**7788.2**	**204.8**
滇　池	云　南	42.4	2.3	10.6	0.3
	合　计	**42.4**	**2.3**	**10.6**	**0.3**
巢　湖	安　徽	789.2	18.7	224.8	5.5
	合　计	**789.2**	**18.7**	**224.8**	**5.5**
洞庭湖	江　西	145.9	8.8	43.0	1.5
	湖　北	300.0	7.6	52.5	0.4
	湖　南	7029.9	304.3	1280.8	54.6
	广　西	58.0	2.2	11.2	0.8
	合　计	**7533.9**	**322.9**	**1387.5**	**57.3**
鄱阳湖	安　徽	7.0	0.5	3.6	…
	江　西	11274.5	674.7	2017.1	74.8
	合　计	**11281.5**	**675.2**	**2020.7**	**74.8**
太　湖	上　海	211.0	4.2	67.1	0.7
	江　苏	9242.0	222.0	2027.5	31.3
	浙　江	5608.3	58.9	1923.1	29.2
	合　计	**15061.3**	**285.2**	**4017.6**	**61.2**
丹江口	河　南	305.2	10.0	57.9	2.0
	湖　北	71.6	3.2	40.6	0.9
	陕　西	139.6	6.1	28.4	2.9
	合　计	**516.3**	**19.2**	**127.0**	**5.8**

注：2023年起工业废水统计调查范围为重点调查单位，不含非重点调查单位，下同。

重点湖泊水库工业废水排放及治理情况（二）
（2024）

湖泊水库	地　区	废水治理设施数量/套	废水治理设施治理能力/（万吨/日）	废水治理设施运行费用/万元
总　计		**11625**	**1799.8**	**880481.9**
滇　池	云　南	45	7.1	5166.1
	合　计	**45**	**7.1**	**5166.1**
巢　湖	安　徽	420	33.2	17703.3
	合　计	**420**	**33.2**	**17703.3**
洞庭湖	江　西	104	76.4	8691.1
	湖　北	21	5.0	3398.0
	湖　南	2004	372.1	112713.4
	广　西	26	1.4	113.2
	合　计	**2155**	**454.8**	**124915.7**
鄱阳湖	安　徽	16	0.7	290.9
	江　西	2658	577.4	243031.0
	合　计	**2674**	**578.1**	**243321.9**
太　湖	上　海	183	7.7	6198.5
	江　苏	3750	404.5	274424.1
	浙　江	2104	270.6	193261.8
	合　计	**6037**	**682.8**	**473884.4**
丹江口	河　南	40	9.5	4156.3
	湖　北	142	5.9	5301.0
	陕　西	112	28.4	6033.2
	合　计	**294**	**43.8**	**15490.5**

13

各地区生态环境管理情况

各地区生态环境信访情况

（2024）

单位：件

地区	微信举报数	网络举报数	来信数	来访数
总　计	**235257**	**23676**	**15007**	**5253**
国家级	7	5	4481	206
北　京	4197	219	245	72
天　津	2936	294	75	82
河　北	9399	1756	389	209
山　西	5115	687	310	96
内蒙古	2213	326	42	39
辽　宁	7148	1070	1201	494
吉　林	3273	319	75	103
黑龙江	4117	403	58	190
上　海	4883	314	443	93
江　苏	12203	1466	545	396
浙　江	12345	979	370	187
安　徽	7379	939	249	133
福　建	7275	610	758	125
江　西	6670	807	196	67
山　东	11820	4036	446	105
河　南	11538	1431	170	66
湖　北	8898	728	191	231
湖　南	7392	786	345	662
广　东	54502	2245	1404	693
广　西	9487	356	882	456
海　南	1695	166	54	14
重　庆	6212	364	827	78
四　川	9961	991	179	71
贵　州	3962	250	129	48
云　南	7164	533	111	46
西　藏	1	10	4	18
陕　西	7664	909	546	147
甘　肃	2577	210	109	57
青　海	514	62	16	10
宁　夏	887	106	70	22
新　疆	1823	299	87	37

注：微信举报数、网络举报数来源为全国生态环境信访投诉举报管理平台。

各地区清洁生产审核情况

（2024）

单位：家

地区名称	公布强制性清洁生产审核企业数	已开展强制性清洁生产审核企业数	开展审核评估的企业数	审核验收合格的企业数	审核验收不合格的企业数
总　计	**9295**	**8551**	**7772**	**6432**	**300**
北　京	52	52	63	45	18
天　津	83	66	16	27	1
河　北	779	448	448	439	5
山　西	493	342	314	36	0
内蒙古	42	48	48	48	0
辽　宁	59	110	88	104	0
吉　林	75	70	70	0	0
黑龙江	269	100	98	32	0
上　海	276	345	182	163	0
江　苏	1675	1615	1598	1536	7
浙　江	419	419	403	403	0
安　徽	248	220	149	75	22
福　建	428	568	348	198	15
江　西	191	179	148	46	0
山　东	1414	1339	1302	1257	0
河　南	457	449	418	352	0
湖　北	290	283	205	103	102
湖　南	117	107	107	55	0
广　东	672	820	826	786	38
广　西	48	125	93	64	0
海　南	21	19	25	5	0
重　庆	58	58	68	87	0
四　川	230	230	237	150	1
贵　州	162	48	48	21	27
云　南	345	268	148	110	57
西　藏	11	0	10	2	2
陕　西	93	96	91	95	5
甘　肃	150	—	140	179	0
青　海	29	29	19	0	0
宁　夏	47	45	37	14	—
新　疆	62	53	25	0	0

管辖海域未达到第一类海水水质标准的海域面积
（2024）

单位：千米^2

海　域	合计	第二类水质海域面积	第三类水质海域面积	第四类水质海域面积	劣于第四类水质海域面积
全　国	**69700**	**30380**	**8030**	**6130**	**25160**
渤　海	10960	6890	800	650	2620
黄　海	12680	9420	640	490	2130
东　海	37760	11250	5310	3960	17240
南　海	8300	2820	1280	1030	3170

全国近岸海域各类海水水质面积比例
（2024）

单位：%

海　域	一类海水	二类海水	三类海水	四类海水	劣四类海水	主要超标指标
全　国	**66.8**	**16.9**	**4.1**	**3.6**	**8.6**	**无机氮和活性磷酸盐**
渤　海	53.8	29.9	6.6	3.0	6.7	无机氮和活性磷酸盐
黄　海	76.9	16.7	3.4	1.5	1.5	无机氮
东　海	42.4	21.5	6.8	8.0	21.3	无机氮和活性磷酸盐
南　海	86.3	7.1	1.3	1.4	3.9	无机氮和活性磷酸盐

管辖海域海区废弃物倾倒及石油勘探开发污染物排放入海情况
（2024）

海　域	海洋废弃物/万米^3	生产水/万米^3	泥浆/米^3	钻屑/米^3	机舱污水/米^3	食品废弃物/吨	含油钻屑/米^3	生活污水/万米^3
全　国	**41738.6**	**23654.5**	**182569.9**	**152819.9**	**1388.0**	**1410.2**	**8719.1**	**133.9**
渤　海	9052.9	0.0	69999.9	86420.0	0.0	0.0	0.0	63.4
黄　海	2909.6	0.0	0.0	0.0	0.0	0.0	0.0	0.0
东　海	16047.7	259.5	357.0	569.9	0.0	442.2	7529.1	11.5
南　海	13728.3	23395.0	112213.0	65830.0	1388.0	968.0	1190.0	59.0

各地区环境影响评价情况
（2024）

地区名称	当年建设项目环境影响评价文件审批数/项	当年建设项目环境影响登记表备案数/项	当年审批的建设项目投资总额/万元	当年审批的建设项目环保投资总额/万元
总　计	**129471**	**401035**	**2190511053.5**	**64751072.9**
国家级	30	—	50568982.7	1990399.4
北　京	850	13306	28190793.8	625720.2
天　津	889	9162	12571844.5	845800.3
河　北	8556	27637	113170453.2	3407870.3
山　西	2763	6551	45251943.9	1639322.3
内蒙古	2985	6287	95316535.2	3017524.7
辽　宁	3062	23725	42056470.3	1228767.6
吉　林	1821	5285	22342164.4	548772.3
黑龙江	2481	5727	20260790.2	524349.9
上　海	1813	15592	37957136.5	627664.2
江　苏	11353	41543	202868687.0	5058575.1
浙　江	10645	14730	161136530.1	3411088.4
安　徽	6327	14968	138381368.3	3505610.1
福　建	3793	7937	46996793.2	1379674.1
江　西	3839	9681	76274219.2	1842168.1
山　东	11134	35631	152128928.5	5271940.9
河　南	5523	17360	68328431.9	1707227.9
湖　北	4339	12932	88892341.7	5116212.9
湖　南	4569	9455	45078087.0	1630085.9
广　东	13728	18838	150060846.8	6199152.8
广　西	3100	14241	65894523.4	1761100.6
海　南	604	3845	11030881.7	297364.3
重　庆	2231	5622	46602160.9	1036839.0
四　川	5286	2138	124346385.7	2305303.2
贵　州	2450	9542	31122456.3	952382.6
云　南	2608	8845	42008185.7	1114142.3
西　藏	587	11837	5904745.5	180659.7
陕　西	3137	14889	52089422.3	1646530.0
甘　肃	2160	12408	54565200.9	1362824.6
青　海	802	8709	14862155.2	480190.5
宁　夏	1054	3045	19572864.2	599165.9
新　疆	4952	9567	124678723.2	3436642.4

各地区生态环境监测情况（一）
（2024）

地区名称	环境监测用房面积/米^2	环境监测业务经费/万元	国控环境空气质量监测点位数/个	酸雨监测点位数/个
总　计	**4108822.29**	**2009732.37**	**1734**	**990**
国家级	—	—	1734	—
北　京	36864.05	44903.58	24	2
天　津	48980.23	27255.49	21	9
河　北	186571.38	75190.57	76	25
山　西	99099.55	49814.02	65	23
内蒙古	171345.37	35903.13	49	28
辽　宁	119518.42	42191.17	79	43
吉　林	79677.84	29662.79	34	22
黑龙江	86945.42	34181.58	63	34
上　海	94811.37	72763.73	19	20
江　苏	295820.67	205014.75	95	110
浙　江	179047.53	139987.50	57	26
安　徽	122317.06	49783.45	80	41
福　建	134361.31	65647.69	42	24
江　西	158072.69	38793.14	64	22
山　东	197654.59	113038.30	106	48
河　南	176769.36	88793.12	100	50
湖　北	127965.22	61788.63	59	44
湖　南	143718.01	87217.77	79	44
广　东	288239.14	215888.54	133	49
广　西	147901.20	52850.64	62	58
海　南	31576.10	24412.88	12	27
重　庆	116552.07	58823.00	36	11
四　川	277704.61	132669.14	104	67
贵　州	140903.66	25948.89	36	27
云　南	186627.96	45427.28	46	38
西　藏	12958.44	5246.79	18	0
陕　西	132868.56	74100.39	55	19
甘　肃	80883.79	40180.32	39	30
青　海	22789.60	20322.72	11	10
宁　夏	31478.00	14706.37	23	10
新　疆	178799.10	37224.99	47	29

各地区生态环境监测情况（二）

（2024）

单位：个

地区名称	国控地表水水质监测断面（点位）数	集中式饮用水水源地监测点位数			近岸海域监测点位数
			地表水监测点位数	地下水监测点位数	
总　计	**3641**	**3587**	**2443**	**1144**	**1172**
北　京	35	16	3	13	—
天　津	41	8	5	3	16
河　北	119	129	15	114	32
山　西	84	175	26	149	—
内蒙古	127	173	10	163	—
辽　宁	154	78	33	45	156
吉　林	110	67	43	24	—
黑龙江	142	104	36	68	—
上　海	40	4	4	0	61
江　苏	234	92	92	0	95
浙　江	157	95	95	0	170
安　徽	200	116	89	27	—
福　建	100	101	99	2	142
江　西	151	133	132	1	—
山　东	146	207	129	78	176
河　南	156	171	65	106	—
湖　北	198	144	142	2	—
湖　南	165	156	150	6	—
广　东	158	180	180	0	218
广　西	114	129	120	9	40
海　南	49	31	31	0	66
重　庆	88	66	66	0	—
四　川	190	262	235	27	—
贵　州	108	156	135	21	—
云　南	206	211	206	5	—
西　藏	46	129	52	77	—
陕　西	99	139	85	54	—
甘　肃	74	117	73	44	—
青　海	36	51	19	32	—
宁　夏	17	33	15	18	—
新　疆	97	114	58	56	—

各地区生态环境监测情况（三）
（2024）

地区名称	开展声环境质量监测的点位数/个	区域声环境质量监测点位数	道路交通声环境监测点位数	功能区声环境质量监测点位数	开展污染源监督性监测的重点企业数/家
总　计	**76220**	**49759**	**22810**	**3651**	**26120**
北　京	728	185	523	20	4
天　津	2175	1298	857	20	129
河　北	2333	1380	794	159	1362
山　西	2131	1326	712	93	240
内蒙古	2156	1409	623	124	598
辽　宁	3949	3072	765	112	376
吉　林	1650	974	562	114	515
黑龙江	2944	1932	893	119	330
上　海	470	249	194	27	459
江　苏	3884	2432	1277	175	3911
浙　江	2829	1737	930	162	1787
安　徽	3026	1911	949	166	1168
福　建	1867	1184	602	81	622
江　西	2188	1322	724	142	1626
山　东	5956	4063	1655	238	3313
河　南	4139	2987	1025	127	850
湖　北	2779	1671	940	168	658
湖　南	2655	1631	867	157	459
广　东	6473	3950	2272	251	2057
广　西	2810	1533	1077	200	262
海　南	677	491	154	32	92
重　庆	744	513	192	39	73
四　川	3984	2739	1025	220	2363
贵　州	1804	1276	440	88	492
云　南	3018	2270	623	125	665
西　藏	172	112	50	10	0
陕　西	2090	1415	546	129	544
甘　肃	2890	2182	573	135	455
青　海	386	219	138	29	97
宁　夏	843	571	220	52	247
新　疆	2470	1725	608	137	366

各地区生态环境执法情况（一）
（2024）

地区名称	已实施自动监控的重点排污单位数/家	已实施自动监控的重点排污单位中排放口数/个		已实施自动监控的重点排污单位中监控设备与生态环境部门稳定联网数/家				
		废水排放口数	废气排放口数	COD 监控设备与生态环境部门稳定联网数	NH_3-N 监控设备与生态环境部门稳定联网数	SO_2监控设备与生态环境部门稳定联网数	NO_x 监控设备与生态环境部门稳定联网数	烟尘监控设备与生态环境部门稳定联网数
总　计	**71805**	**50401**	**73958**	**41051**	**38445**	**45315**	**48118**	**54959**
北　京	558	348	1076	249	251	94	890	108
天　津	1005	628	1899	571	568	328	1216	557
河　北	4084	2591	5870	2350	2258	3356	3383	5121
山　西	1840	585	3194	542	532	2345	2128	3006
内蒙古	1628	656	2620	586	576	2128	1954	2382
辽　宁	3022	1485	3973	1293	1258	2720	2715	3448
吉　林	1136	667	1210	619	600	959	981	1051
黑龙江	1249	646	1230	556	542	1040	1034	1113
上　海	887	987	1179	613	593	333	663	269
江　苏	7682	7250	6378	5539	4673	2437	2644	3212
浙　江	4681	4300	2676	3594	3456	1368	1500	1487
安　徽	3309	2346	2724	2060	1847	1815	1772	2205
福　建	2557	2172	2029	1449	1372	1436	1479	1584
江　西	2487	1745	1872	1541	1510	1436	1447	1652
山　东	7683	4786	9039	4364	4185	5190	5422	6215
河　南	4082	2098	4669	1837	1732	2919	3065	3647
湖　北	2456	1953	2014	1798	1658	1124	1065	1519
湖　南	1853	1289	1230	1118	1039	951	943	1077
广　东	5637	6292	3544	3635	3438	2085	2294	2402
广　西	1761	1015	1921	872	831	1350	1340	1799
海　南	352	250	262	243	236	210	221	236
重　庆	826	718	570	595	574	419	438	485
四　川	3324	1911	2935	1765	1541	2006	2082	2339
贵　州	972	631	1001	576	567	665	713	853
云　南	1718	789	1797	668	650	1302	1205	1684
西　藏	3	1	4	1	1	3	3	4
陕　西	1457	720	1889	575	561	1245	1499	1359
甘　肃	1104	519	1336	466	441	965	976	1128
青　海	250	144	360	123	118	236	257	277
宁　夏	723	339	1026	329	325	855	798	940
新　疆	1479	540	2431	524	512	1995	1991	1800

各地区生态环境执法情况（二）

（2024）

地区名称	纳入检查对象名录库的企业（单位）数/家	随机抽查企业（单位）数/家次	案件数/件	罚款金额/万元
总　计	**2939152**	**563124**	**55943**	**461167.1**
北　京	128711	19309	2239	5464.2
天　津	102475	6830	561	2902.8
河　北	245529	43080	1434	5804.3
山　西	46594	12574	2342	27418.4
内蒙古	10912	7400	894	7176.4
辽　宁	89308	22963	1727	11917.1
吉　林	59718	8153	568	5424.2
黑龙江	17956	7742	436	4899.7
上　海	76216	36793	1097	9992.8
江　苏	251946	28211	6391	49406.1
浙　江	228165	32092	4031	44716.4
安　徽	44209	9828	3433	25641.2
福　建	59147	17520	2603	17792.7
江　西	32159	10724	1269	17507.2
山　东	328860	47786	3568	25267.4
河　南	164582	78923	3613	21869.1
湖　北	35174	14133	2148	14143.9
湖　南	34466	17777	1868	11503.3
广　东	707532	28462	4428	44153.6
广　西	60260	10772	594	4270.4
海　南	2362	2055	399	4965.3
重　庆	38011	11333	1505	10599.4
四　川	53480	18059	1565	11267.6
贵　州	25607	12465	928	8516.2
云　南	25354	15794	1440	15225.1
西　藏	2535	5363	160	2433.5
陕　西	26015	8891	2339	20232.6
甘　肃	10999	10705	531	5005.6
青　海	5532	2091	231	3173.0
宁　夏	2304	2223	351	4175.9
新　疆	23034	13073	1250	18301.8

各地区生态环境执法情况（三）

（2024）

地区名称	举办环境执法岗位培训班期数/期	环境执法岗位培训人数/人	举办其他环境执法业务培训期数/期	环境执法其他业务培训人数/人
总　计	**163**	**18332**	**285**	**33626**
国家级	5	403	43	9464
北　京	2	193	4	158
天　津	10	520	1	30
河　北	16	1600	0	0
山　西	48	2561	92	2620
内蒙古	1	133	1	196
辽　宁	9	2531	0	0
吉　林	3	465	0	0
黑龙江	2	221	3	426
上　海	2	147	19	2430
江　苏	1	140	5	600
浙　江	8	540	2	150
安　徽	2	400	5	400
福　建	12	920	23	716
江　西	1	150	3	3100
山　东	4	583	0	0
河　南	2	1600	2	74
湖　北	3	427	2	156
湖　南	2	620	0	0
广　东	6	615	1	67
广　西	3	423	11	509
海　南	1	57	2	105
重　庆	3	225	8	4800
四　川	2	392	12	1565
贵　州	2	140	2	2018
云　南	2	1010	1	40
西　藏	1	160	18	407
陕　西	2	240	1	900
甘　肃	2	170	8	430
青　海	1	170	0	0
宁　夏	2	160	3	360
新　疆	3	416	13	1905

各地区环境应急情况
（2024）

地区名称	突发环境事件数量/次	特别重大环境事件数	重大环境事件数	较大环境事件数	一般环境事件数
总　计	**174**	**0**	**1**	**9**	**164**
北　京	0	0	0	0	0
天　津	1	0	0	0	1
河　北	2	0	0	0	2
山　西	2	0	0	0	2
内蒙古	1	0	0	0	1
辽　宁	12	0	0	0	12
吉　林	0	0	0	0	0
黑龙江	1	0	0	0	1
上　海	1	0	0	0	1
江　苏	5	0	0	0	5
浙　江	6	0	0	0	6
安　徽	15	0	0	0	15
福　建	6	0	0	0	6
江　西	21	0	1	1	19
山　东	2	0	0	0	2
河　南	8	0	0	2	6
湖　北	7	0	0	0	7
湖　南	9	0	0	0	9
广　东	14	0	0	1	13
广　西	9	0	0	1	8
海　南	2	0	0	0	2
重　庆	5	0	0	1	4
四　川	8	0	0	0	8
贵　州	10	0	0	3	7
云　南	3	0	0	0	3
西　藏	0	0	0	0	0
陕　西	7	0	0	0	7
甘　肃	2	0	0	0	2
青　海	3	0	0	0	3
宁　夏	4	0	0	0	4
新　疆	8	0	0	0	8

主要城市生态环境保护情况（一）
（2024）

城　市	二氧化硫年平均浓度/（微克/米³）	二氧化氮年平均浓度/（微克/米³）	细颗粒物（$PM_{2.5}$）年平均浓度/（微克/米³）	可吸入颗粒物（PM_{10}）年平均浓度/（微克/米³）	一氧化碳日均值第95百分位浓度/（毫克/米³）	臭氧日最大8小时第90百分位浓度/（微克/米³）	空气质量优良天数比例/%
北　京	3	24	30.5	54	0.9	171	79.2
天　津	7	33	38.1	68	1.1	184	73.2
石家庄	5	27	45.5	78	1.2	182	64.5
太　原	11	35	40.0	73	1.2	190	67.8
呼和浩特	8	30	28.2	56	1.1	150	85.2
沈　阳	12	32	33.6	56	1.4	150	86.9
长　春	8	27	32.9	51	0.9	135	89.6
哈尔滨	10	29	40.4	62	1.1	118	85.2
上　海	7	30	28.4	43	1.0	144	88.3
南　京	6	24	28.3	46	0.9	162	85.8
杭　州	6	28	30.3	47	0.9	164	81.7
合　肥	6	27	33.7	57	1.0	153	86.1
福　州	4	14	18.7	31	0.7	132	98.1
南　昌	8	23	32.0	52	0.9	138	92.1
济　南	9	30	35.9	68	1.1	190	66.7
郑　州	6	25	45.1	74	1.1	186	63.1
武　汉	8	28	36.2	51	1.0	164	77.9
长　沙	5	21	40.1	60	0.9	148	83.1
广　州	6	27	21.5	37	0.9	146	94.0
南　宁	7	20	25.3	40	1.0	134	96.7
海　口	6	10	16.3	29	0.6	135	96.4
重　庆	8	25	33.6	48	1.0	140	89.9
成　都	3	24	31.6	48	0.9	170	80.6
贵　阳	7	14	19.6	30	0.7	120	99.5
昆　明	7	17	19.6	31	0.8	134	99.7
拉　萨	7	16	10.5	20	0.8	146	97.3
西　安	7	31	42.9	75	1.1	178	65.8
兰　州	13	37	37.2	64	1.8	155	82.2
西　宁	15	30	32.5	51	1.6	144	91.5
银　川	13	29	36.3	67	1.3	157	80.3
乌鲁木齐	5	30	34.0	60	1.3	134	85.2

主要城市生态环境保护情况（二）
（2024）

城市	道路交通声环境监测					区域声环境监测		
	路段总长度/千米	超 70 dB（A）路段长度/米	超 70 dB（A）路段长度百分比/%	路段平均路宽/米	等效声级/dB（A）	网格边长/米	网格总数/个	等效声级/dB（A）
北京	961.4	314799	32.7	32.9	68.5	2500	185	52.3
天津	2198.4	331234	15.1	24.3	65.3	1000	1298	54.1
石家庄	890.2	46000	5.2	25.8	65.0	2200	115	53.4
太原	555.8	174898	31.5	41.4	68.2	1500	239	49.6
呼和浩特	239.9	60534	25.2	36.4	68.0	1400	108	54.1
沈阳	400.7	151100	37.7	32.2	68.1	1600	226	53.9
长春	492.9	273553	55.5	31.2	69.9	2400	123	55.8
哈尔滨	363.5	111787	30.8	25.5	67.6	2500	112	53.5
上海	197.9	38550	19.5	32.0	67.8	2000	249	54.2
南京	289.1	19624	6.8	30.4	66.8	1500	324	53.9
杭州	744.5	72980	9.8	31.7	66.4	3000	155	55.3
合肥	935.5	164595	17.6	37.6	65.9	2000	126	57.1
福州	335.3	105120	31.3	26.4	69.2	1000	232	56.1
南昌	463.9	21445	4.6	31.6	64.2	1300	183	55.4
济南	153.0	26000	17.0	32.0	66.4	1200	517	55.0
郑州	465.7	66919	14.4	44.8	66.6	1500	196	53.8
武汉	1348.3	579040	42.9	27.7	69.2	2000	255	56.6
长沙	408.1	105641	25.9	35.7	67.9	2000	129	53.7
广州	1007.6	352452	35.0	28.0	68.9	2000	275	56.0
南宁	166.5	27846	16.7	54.6	67.9	1400	114	54.8
海口	437.5	64944	14.8	38.2	67.5	1150	117	56.5
重庆	660.8	105295	15.9	25.0	66.2	1600	513	51.7
成都	663.7	197231	29.7	42.6	68.6	2500	202	55.8
贵阳	647.3	293690	45.4	36.2	69.5	1000	346	54.3
昆明	664.6	81336	12.2	34.8	66.0	600～1200	471	52.6
拉萨	203.9	12000	5.9	24.0	60.6	1000	112	48.9
西安	924.1	114880	12.4	22.5	65.3	2195	200	53.9
兰州	236.0	35050	14.9	29.1	66.9	1000	231	53.9
西宁	294.9	3451	1.2	35.8	66.6	1250	128	49.6
银川	452.4	15760	3.5	38.0	64.4	1500	121	51.2
乌鲁木齐	254.9	10510	4.1	21.4	64.0	1000～2000	123	53.3

主要城市生态环境保护情况（三）
（2024）

城　市	区域声环境声源构成							
	交通运输噪声		工业噪声		建筑施工噪声		生活噪声	
	所占比例/%	平均声级/dB（A）	所占比例/%	平均声级/dB（A）	所占比例/%	平均声级/dB（A）	所占比例/%	平均声级/dB（A）
北　京	19.5	55.4	5.9	57.1	1.1	52.8	73.5	51.1
天　津	23.3	56.2	15.6	56.9	1.1	61.5	60.0	52.4
石家庄	42.6	54.9	8.7	54.5	2.6	55.2	46.1	51.8
太　原	4.2	53.5	2.1	54.4	0.0	0.0	93.7	49.3
呼和浩特	20.4	57.9	6.5	57.1	1.9	58.2	71.3	52.7
沈　阳	34.5	54.9	12.4	55.4	5.3	55.1	47.8	52.6
长　春	49.6	60.0	3.3	56.9	0.8	54.1	46.3	51.3
哈尔滨	26.8	56.1	15.2	52.8	2.7	54.3	55.4	52.4
上　海	15.3	57.1	6.8	58.9	1.2	55.5	76.7	53.2
南　京	29.6	55.8	18.2	55.2	0.6	51.0	51.5	52.4
杭　州	26.5	57.6	20.6	54.7	4.5	57.0	48.4	54.1
合　肥	7.1	60.0	11.9	58.3	4.8	61.3	76.2	56.4
福　州	21.6	59.2	2.2	59.7	3.9	62.3	72.4	54.7
南　昌	28.4	60.3	60.1	52.6	8.7	57.9	2.7	58.1
济　南	36.2	58.7	13.0	54.9	7.0	55.2	43.9	52.0
郑　州	8.7	58.2	0.5	49.0	1.5	51.5	89.3	53.4
武　汉	47.1	60.0	8.2	56.0	2.4	55.0	42.4	53.0
长　沙	25.6	56.5	2.3	52.2	3.1	52.0	69.0	52.7
广　州	27.7	58.9	13.1	56.4	1.1	59.1	58.1	54.7
南　宁	24.6	58.5	1.8	55.4	3.5	58.3	70.2	53.3
海　口	24.8	62.6	4.3	58.4	4.3	60.7	66.7	53.9
重　庆	15.0	55.0	12.5	54.6	3.9	52.6	68.6	50.4
成　都	11.4	62.9	17.8	57.8	1.0	58.2	69.8	54.1
贵　阳	37.3	56.2	5.8	54.5	4.9	54.6	52.0	52.9
昆　明	20.2	55.9	10.8	53.9	1.7	59.4	67.3	51.2
拉　萨	4.5	49.0	10.7	47.0	0.0	0.0	84.8	49.1
西　安	23.0	57.7	7.5	53.9	4.5	55.5	65.0	52.5
兰　州	7.8	58.4	5.2	56.9	1.3	53.3	85.7	53.3
西　宁	7.8	50.3	4.7	48.3	6.2	51.1	81.2	49.5
银　川	26.4	53.1	7.4	54.2	1.7	54.4	64.5	50.1
乌鲁木齐	26.0	55.6	4.9	58.9	0.0	0.0	69.1	52.0

主要水系水质状况评价情况（按监测断面统计）
（2024）

主要水系	监测断面个数/个	分类水质断面占全部断面百分比/%					
		Ⅰ类	Ⅱ类	Ⅲ类	Ⅳ类	Ⅴ类	劣Ⅴ类
长江流域	1017	10.0	71.6	17.0	1.3	0.1	0.0
黄河流域	270	6.5	60.2	23.8	6.9	1.1	1.5
珠江流域	364	10.4	66.8	18.7	3.8	0.3	0.0
松花江流域	255	0.0	25.5	51.4	17.3	3.9	2.0
淮河流域	341	0.9	22.6	63.0	13.5	0.0	0.0
海河流域	247	8.1	33.7	39.4	17.5	1.2	0.0
辽河流域	195	5.7	52.1	30.4	9.8	1.5	0.5

注：七大流域按主要江河断面统计，不含湖库点位。

重点评价湖泊水库水质状况（一）

（2024）

湖泊名称	所在行政区	总体水质类别	主要超标项目	营养状况
团城湖调节池	北京市	优	—	中营养
大宁水库	北京市	优	—	中营养
密云水库	北京市	优	—	中营养
怀柔水库	北京市	优	—	中营养
海子水库	北京市	优	—	中营养
官厅水库	北京市、河北省	良好	—	中营养
于桥水库	天津市	良好	—	中营养
北塘水库	天津市	优	—	中营养
北大港水库	天津市	轻度污染	总磷、化学需氧量、高锰酸盐指数	轻度富营养
王庆坨水库	天津市	优	—	中营养
东武仕水库	河北省	优	—	中营养
大浪淀水库	河北省	优	—	中营养
安格庄水库	河北省	优	—	中营养
岗南水库	河北省	优	—	中营养
王快水库	河北省	优	—	中营养
白洋淀	河北省	良好	—	中营养
衡水湖	河北省	良好	—	轻度富营养
西大洋水库	河北省	优	—	中营养
黄壁庄水库	河北省	优	—	中营养
潘家口水库	河北省	优	—	中营养
三门峡水库	山西省、河南省	优	—	中营养
小浪底水库	山西省、河南省	优	—	中营养
察尔森水库	内蒙古自治区	良好	—	中营养
贝尔湖	内蒙古自治区	中度污染	化学需氧量*、高锰酸盐指数*、总磷	轻度富营养
乌梁素海	内蒙古自治区	轻度污染	化学需氧量、高锰酸盐指数	中营养
岱海	内蒙古自治区	重度污染	化学需氧量*、氟化物*、高锰酸盐指数*	轻度富营养
达里诺尔湖	内蒙古自治区	重度污染	总磷*、化学需氧量*、氟化物*	重度富营养
尼尔基水库	内蒙古自治区、黑龙江省	良好	—	轻度富营养
清河水库	辽宁省	良好	—	中营养
大伙房水库	辽宁省	优	—	中营养
汤河水库	辽宁省	优	—	中营养
观音阁水库	辽宁省	优	—	中营养

重点评价湖泊水库水质状况（二）

（2024）

湖泊名称	所在行政区	总体水质类别	主要超标项目	营养状况
宫山嘴水库	辽宁省	轻度污染	总磷	轻度富营养
桓仁水库	辽宁省	优	—	中营养
水丰湖	辽宁省	优	—	中营养
碧流河水库	辽宁省	优	—	中营养
乌金塘水库	辽宁省	良好	—	中营养
向海水库	吉林省	重度污染	氟化物*	轻度富营养
松花湖	吉林省	良好	—	中营养
查干湖	吉林省	轻度污染	总磷、高锰酸盐指数、化学需氧量	轻度富营养
莫莫格泡	吉林省	重度污染	氟化物*、高锰酸盐指数*、化学需氧量*	轻度富营养
五号水库	黑龙江省	良好	—	中营养
扎龙湖	黑龙江省	中度污染	化学需氧量*、高锰酸盐指数*	中营养
磨盘山水库	黑龙江省	良好	—	中营养
莲花水库	黑龙江省	轻度污染	总磷	轻度富营养
镜泊湖	黑龙江省	轻度污染	总磷	中营养
兴凯湖	黑龙江省	轻度污染	总磷	轻度富营养
小兴凯湖	黑龙江省	轻度污染	总磷	轻度富营养
淀山湖	上海市、江苏省	轻度污染	总磷	轻度富营养
元荡	江苏省	轻度污染	总磷	轻度富营养
北山水库	江苏省	优	—	中营养
大溪水库	江苏省	良好	—	中营养
太湖	江苏省	良好	—	轻度富营养
横山水库	江苏省	良好	—	中营养
沙河水库	江苏省	良好	—	中营养
滆湖	江苏省	轻度污染	总磷	轻度富营养
长荡湖	江苏省	轻度污染	总磷	轻度富营养
阳澄湖	江苏省	良好	—	轻度富营养
洪泽湖	江苏省	轻度污染	总磷	轻度富营养
白马湖	江苏省	良好	—	轻度富营养
邵伯湖	江苏省	良好	—	轻度富营养
高邮湖	江苏省	轻度污染	总磷	中度富营养
石梁河水库	江苏省	轻度污染	总磷	轻度富营养
骆马湖	江苏省	良好	—	中营养
石臼湖	江苏省、安徽省	良好	—	轻度富营养
天井湖	江苏省、安徽省	轻度污染	总磷	轻度富营养
东钱湖	浙江省	良好	—	轻度富营养
千岛湖	浙江省	优	—	中营养

重点评价湖泊水库水质状况（三）
（2024）

湖泊名称	所在行政区	总体水质类别	主要超标项目	营养状况
湖南镇水库	浙江省	优	—	中营养
珊溪水库	浙江省	优	—	中营养
紧水滩水库	浙江省	优	—	中营养
里石门水库	浙江省	优	—	中营养
铜山源水库	浙江省	优	—	中营养
长潭水库	浙江省	优	—	中营养
西湖	浙江省	良好	—	中营养
升金湖	安徽省	良好	—	中营养
南漪湖	安徽省	良好	—	轻度富营养
城西水库	安徽省	良好	—	中营养
太平湖	安徽省	优	—	中营养
武昌湖	安徽省	良好	—	轻度富营养
泊湖	安徽省	良好	—	中营养
花亭湖	安徽省	优	—	中营养
菜子湖	安徽省	轻度污染	总磷	轻度富营养
黄大湖	安徽省	良好	—	轻度富营养
大房郢水库	安徽省	优	—	中营养
巢湖	安徽省	轻度污染	总磷	轻度富营养
董铺水库	安徽省	优	—	中营养
七里湖	安徽省	轻度污染	总磷	轻度富营养
佛子岭水库	安徽省	优	—	中营养
四方湖	安徽省	轻度污染	总磷、高锰酸盐指数	轻度富营养
城东湖	安徽省	良好	—	轻度富营养
城西湖	安徽省	轻度污染	总磷	轻度富营养
天河湖	安徽省	轻度污染	总磷	轻度富营养
女山湖	安徽省	良好	—	中营养
梅山水库	安徽省	优	—	中营养
沱湖	安徽省	轻度污染	总磷	轻度富营养
焦岗湖	安徽省	良好	—	轻度富营养
瓦埠湖	安徽省	良好	—	轻度富营养
高塘湖	安徽省	轻度污染	总磷	轻度富营养
龙感湖	安徽省、湖北省	轻度污染	总磷	轻度富营养
东圳水库	福建省	优	—	中营养
东溪水库	福建省	优	—	中营养
山美水库	福建省	优	—	中营养

重点评价湖泊水库水质状况（四）

（2024）

湖泊名称	所在行政区	总体水质类别	主要超标项目	营养状况
七一水库	江西省	优	—	贫营养
仙女湖	江西省	轻度污染	总磷	轻度富营养
内外珠湖	江西省	优	—	中营养
新妙湖	江西省	良好	—	中营养
柘林湖	江西省	优	—	中营养
洪门水库	江西省	优	—	中营养
鄱阳湖	江西省	轻度污染	总磷	轻度富营养
环城湖	山东省	良好	—	轻度富营养
高唐湖	山东省	优	—	中营养
东平湖	山东省	良好	—	中营养
云蒙湖	山东省	良好	—	中营养
南四湖	山东省	良好	—	轻度富营养
太河水库	山东省	优	—	中营养
峡山水库	山东省	良好	—	中营养
崂山水库	山东省	优	—	中营养
陆浑水库	河南省	良好	—	中营养
南湾水库	河南省	优	—	中营养
宿鸭湖水库	河南省	中度污染	总磷	轻度富营养
昭平台水库	河南省	优	—	中营养
燕山水库	河南省	良好	—	轻度富营养
白龟山水库	河南省	优	—	中营养
鲇鱼山水库	河南省	优	—	中营养
丹江口水库	河南省、湖北省	优	—	中营养
富水水库	湖北省	优	—	中营养
斧头湖	湖北省	良好	—	轻度富营养
梁子湖	湖北省	良好	—	轻度富营养
洪湖	湖北省	中度污染	总磷	中度富营养
漳河水库	湖北省	优	—	贫营养
白莲河水库	湖北省	良好	—	中营养
长湖	湖北省	良好	—	中营养
隔河岩水库	湖北省	优	—	中营养
黄龙滩水库	湖北省	优	—	中营养
黄盖湖	湖北省、湖南省	良好	—	轻度富营养
东江水库	湖南省	优	—	贫营养
大通湖	湖南省	轻度污染	总磷	轻度富营养

重点评价湖泊水库水质状况（五）
（2024）

湖泊名称	所在行政区	总体水质类别	主要超标项目	营养状况
洞庭湖	湖南省	轻度污染	总磷	中营养
公明水库	广东省	优	—	中营养
南水水库	广东省	优	—	贫营养
新丰江水库	广东省	优	—	贫营养
枫树坝水库	广东省	优	—	中营养
梅林水库	广东省	优	—	中营养
清林径水库	广东省	优	—	中营养
白盆珠水库	广东省	优	—	贫营养
西丽水库	广东省	良好	—	中营养
铁岗水库	广东省	优	—	中营养
高州水库	广东省	优	—	中营养
鹤地水库	广东省	良好	—	轻度富营养
岩滩水库	广西壮族自治区	优	—	中营养
龙滩水库	广西壮族自治区	优	—	贫营养
洪潮江水库	广西壮族自治区	优	—	中营养
万峰湖	广西壮族自治区、贵州省	优	—	中营养
大广坝水库	海南省	优	—	中营养
大隆水库	海南省	优	—	中营养
松涛水库	海南省	优	—	贫营养
牛路岭水库	海南省	优	—	中营养
赤田水库	海南省	优	—	中营养
玉滩水库	重庆市	良好	—	中营养
葫芦口水库	四川省	优	—	中营养
邛海	四川省	优	—	中营养
鲁班水库	四川省	良好	—	中营养
泸沽湖	四川省、云南省	优	—	贫营养
东风水库	贵州省	优	—	中营养
百花湖	贵州省	良好	—	中营养
红枫湖	贵州省	优	—	中营养
草海	贵州省	中度污染	化学需氧量、高锰酸盐指数	轻度富营养
松华坝水库	云南省	优	—	中营养
程海	云南省	重度污染	氟化物*、化学需氧量	中营养
勐板河水库	云南省	优	—	中营养

重点评价湖泊水库水质状况（六）
（2024）

湖泊名称	所在行政区	总体水质类别	主要超标项目	营养状况
大中河水库	云南省	优	—	贫营养
姐勒水库	云南省	优	—	中营养
小湾水库	云南省	优	—	中营养
户宋河水库	云南省	优	—	中营养
洱海	云南省	良好	—	中营养
海西海	云南省	优	—	贫营养
茈碧湖	云南省	良好	—	中营养
异龙湖	云南省	重度污染	化学需氧量、高锰酸盐指数	中度富营养
抚仙湖	云南省	优	—	贫营养
星云湖	云南省	中度污染	总磷、化学需氧量、高锰酸盐指数	中度富营养
普者黑	云南省	良好	—	中营养
杞麓湖	云南省	重度污染	化学需氧量、总磷、高锰酸盐指数	中度富营养
阳宗海	云南省	优	—	中营养
滇池	云南省	轻度污染	化学需氧量、总磷、高锰酸盐指数	中度富营养
佩枯错	西藏自治区	重度污染	氟化物*	—
普莫雍错	西藏自治区	优	—	—
班公错	西藏自治区	优	—	—
色林错	西藏自治区	轻度污染	砷*	轻度富营养
瀛湖	陕西省	优	—	中营养
石门水库（褒河）	陕西省	优	—	中营养
王瑶水库	陕西省	良好	—	中营养
党河水库	甘肃省	优	—	中营养
双塔水库	甘肃省	优	—	中营养
红崖山水库	甘肃省	优	—	中营养
解放村水库	甘肃省	优	—	中营养
龙羊峡水库	青海省	优	—	贫营养
克鲁克湖	青海省	良好	—	中营养
青海湖	青海省	良好	—	中营养

重点评价湖泊水库水质状况（七）
（2024）

湖泊名称	所在行政区	总体水质类别	主要超标项目	营养状况
沙湖	宁夏回族自治区	良好	—	中营养
香山湖	宁夏回族自治区	优	—	中营养
鸭子荡水库	宁夏回族自治区	优	—	中营养
乌伦古湖	新疆维吾尔自治区	重度污染	氟化物*、化学需氧量	中营养
乌拉泊水库	新疆维吾尔自治区	优	—	中营养
喀纳斯湖	新疆维吾尔自治区	优	—	中营养
石城子水库	新疆维吾尔自治区	优	—	中营养
赛里木湖	新疆维吾尔自治区	优	—	中营养
博斯腾湖	新疆维吾尔自治区、新疆生产建设兵团	良好	—	中营养
蘑菇湖水库	新疆生产建设兵团	中度污染	总磷	轻度富营养
青格达水库	新疆生产建设兵团	轻度污染	总磷	轻度富营养

注：*表示该指标受自然因素影响较大。

14

主要统计指标解释

14.1 工业源

工业废水中污染物排放量 指调查年度作为排放源统计调查对象的工业企业排放的废水中所含化学需氧量、氨氮、总氮、总磷、石油类、挥发酚、氰化物等污染物和总砷、总铅、总汞、总镉、总铬、六价铬等重金属污染物本身的质量。

工业废气中污染物排放量 指调查年度作为排放源统计调查对象的工业企业在生产过程中排入大气中的废气污染物的质量。

废水治理设施数 指调查年度作为排放源统计调查对象的工业企业用于防治水污染和经处理后综合利用水资源的实有设施（包括构筑物）数量，以一个废水治理系统为单位统计。附属于设施内的水治理设备和配套设备不单独计算。备用的、调查年度未运行的、已经报废的设施不统计在内。

只填报企业内部的废水治理设施，工业废水排入的城镇污水处理厂、工业废水集中处理厂不能算作企业的废水治理设施；企业内的废水治理设施包括一级处理设施、二级处理设施和三级处理设施，如企业有 2 个排污口，1 个排污口为一级处理（隔油池、化粪池、沉淀池等），另 1 个排污口为二级处理（如生化处理），则该企业有 2 套废水治理设施；若该企业只有 1 个排污口，经由该排污口的废水先经过一级处理，再经二级（甚至三级）处理后外排，则该企业视为 1 套废水治理设施，即针对同一股废水的所有水治理设备均视为 1 套治理设施，针对不同废水的水治理设备可视为多套治理设施；填报的废水治理设施应为废水污染物统计指标范围内的设施。

废水治理设施处理能力 指调查年度作为排放源统计调查对象的工业企业内部的所有废水治理设施具有的废水处理能力。

废水治理设施运行费用 指调查年度作为排放源统计调查对象的工业企业维持废水治理设施运行所产生的费用，包括能源消耗、设备维修、人员工资、管理费、药剂费及与设施运行有关的其他费用等。

废气治理设施数 指调查年度作为排放源统计调查对象的工业企业用于减少排向大气的污染物或对污染物加以回收利用的废气治理设施总数，以一个废气治理单元为单位统计。包括除尘、脱硫、脱硝等废气污染物统计指标范围内的设施。备用的、调查年度未运行的、已报废的设施不统计在内。

废气治理设施运行费用 指调查年度作为排放源统计调查对象的工业企业维持废气治理设施运行所产生的费用，包括能源消耗、设备维修、人员工资、管理费、药剂费及与设施运行有关的其他费用等。

一般工业固体废物产生量 指调查年度作为排放源统计调查对象的工业企业实际产生的一般工业固体废物的量。一般工业固体废物指企业在工业生产过程中产生且不属于危险废物的工业固体废物。根据其性质分为两种：

（1）第Ⅰ类一般工业固体废物：按照《固体废物　浸出毒性浸出方法　水平振荡法》（HJ 557—2010）规定方法获得的浸出液中任何一种特征污染物浓度均未超过《污水综合排放标准》（GB 8978

—1996）最高允许排放浓度（第二类污染物最高允许排放浓度按照一级标准执行），且 pH 为 6～9 的一般工业固体废物；

（2）第Ⅱ类一般工业固体废物：按照 HJ 557—2010 规定方法获得的浸出液中有一种或一种以上的特征污染物浓度超过 GB 8978—1996 最高允许排放浓度（第二类污染物最高允许排放浓度按照一级标准执行），或 pH 为 6～9 范围之外的一般工业固体废物。

主要包括：

代码	名称	代码	名称
SW01	冶炼废渣	SW11	工业副产石膏
SW02	粉煤灰	SW12	钻井岩屑
SW03	炉渣	SW13	食品残渣
SW04	煤矸石	SW14	纺织皮革业废物
SW05	尾矿	SW15	造纸印刷业废物
SW06	脱硫石膏	SW16	化工废物
SW07	污泥	SW17	可再生类废物
SW09	赤泥	SW59	其他工业固体废物
SW10	磷石膏	—	—

不包括矿山开采的剥离废石和掘进废石（煤矸石和呈酸性或碱性的废石除外）。酸性或碱性废石是指采掘的废石其流经水、雨淋水的 pH 小于 4 或 pH 大于 10.5 的。

一般工业固体废物综合利用量 指调查年度作为排放源统计调查对象的工业企业通过回收、加工、循环、交换等方式，从固体废物中提取或者使其转化为可以利用的资源、能源和其他原材料的固体废物量（包括当年利用的往年工业固体废物累计贮存量），如用作农业肥料、生产建筑材料、筑路等。综合利用量由原产生固体废物的单位统计。

一般工业固体废物处置量 指调查年度作为排放源统计调查对象的工业企业将工业固体废物焚烧和用其他改变工业固体废物的物理、化学、生物特性的方法，达到减少或者消除其危险成分的活动，或者将工业固体废物最终置于符合环境保护规定要求的填埋场的活动中，所消纳固体废物的量。

处置方式包括填埋、焚烧、专业贮存场（库）封场处理、深层灌注等。

处置量包括本单位处置或委托给外单位处置的量，还包括当年处置的往年工业固体废物贮存量。

危险废物产生量 指调查年度作为排放源统计调查对象的工业企业实际产生的危险废物的量，包括利用处置危险废物过程中二次产生的危险废物的量。不包括接收的外单位危险废物的量。危险废物范围按照《国家危险废物名录》（2021 版）确定。

危险废物利用处置量 指调查年度作为排放源统计调查对象的工业企业从产生的工业危险废物中提取物质作为原材料或者燃料的活动中消纳危险废物的量，以及将工业危险废物焚烧和用其他改变危险废物的物理、化学、生物特性的方法，达到减少已产生的工业危险废物数量、缩小工业危险废物体积或者消除其危险成分的活动，或者将工业危险废物最终置于符合环境保护规定要求的填埋场的活动中，所消纳危险废物的量。包括在本单位自行利用处置危险废物的量和委托外单位利用处置危险废物的量，不包括对接收的外单位危险废物进行利用处置的量。

污染治理项目名称　指以治理老工业污染源的污染、“三废”综合利用为主要目的的工程项目名称，或本年完成建设项目竣工环境保护验收的项目名称。

项目类型　指按照不同的项目性质，老工业源污染治理项目分为两类，并给予不同的代码。

1—老工业污染源治理在建项目；2—老工业污染源治理本年竣工项目。

治理类型　指按照不同的企业污染治理对象，污染治理项目分为 14 类：

1—工业废水治理；2—工业废气脱硫治理；3—工业废气脱硝治理；4a—工业废气 VOCs 治理；4b—其他废气治理；5—一般工业固体废物治理；6—危险废物治理（企业自建设施）；7—噪声治理（含振动）；8—电磁辐射治理；9—放射性治理；10—工业企业土壤污染治理；11—矿山土壤污染治理；12—污染物自动在线监测仪器购置安装；13—污染治理搬迁；14—其他治理（含综合防治）。

本年完成投资　指调查年度作为排放源统计调查对象的工业企业实际用于环境治理工程的投资额。投资额中的资金来源，是指投资单位在本年内收到的用于污染治理项目投资的各种货币资金，包括政府其他补助和企业自筹。各种来源的资金均为调查年度投入的资金，不包括历年的投资。

14.2　农业源

农业源统计调查范围包括种植业、畜禽养殖业和水产养殖业。种植业统计范围包括农作物种植和园地种植，畜禽养殖业包括生猪、奶牛、肉牛、蛋鸡、肉鸡五类畜禽的规模化养殖场及规模以下养殖户，水产养殖业包括人工淡水养殖和人工海水养殖。

种植业水污染物排放量　指调查年度农业种植过程排放（流失）的氨氮、总氮和总磷污染物的质量。

畜禽养殖业水污染物排放量　指调查年度农业畜禽养殖过程排放的废水中化学需氧量、氨氮、总氮和总磷污染物的质量。

规模化畜禽养殖场　指饲养数量达到一定规模的畜禽养殖单元。各畜禽种类规模化养殖场养殖规模的标准是：生猪≥500 头、奶牛≥100 头、肉牛≥50 头、蛋鸡≥2000 羽、肉鸡≥10000 羽。

养殖户　指饲养数量未达到规模化养殖场标准的畜禽养殖单元。各畜禽种类养殖户养殖规模的标准是：生猪＜500 头、奶牛＜100 头、肉牛＜50 头、蛋鸡＜2000 羽、肉鸡＜10000 羽。

水产养殖业水污染物排放量　指调查年度人工水产养殖过程排放的废水中所含化学需氧量、氨氮、总氮和总磷污染物本身的质量。

14.3　生活源

生活污水污染物排放量　指调查年度内最终排入外环境生活污水污染物的质量，包括城镇和农村生活污水污染物排放量。

2022 年度，生活污水污染物排放量按照《排版源统计调查制度》（国统制〔2021〕18 号）确定。

城镇生活污水污染物排放量由污染物产生量扣减污染物去除量计算；污染物产生量按照生活污水排放量和产污系数计算，其中，生活污水排放量根据城镇生活用水量和折污系数计算；污染物去除量为各污水处理厂生活污水污染物去除量之和。

2023 年度起，生活污水污染物排放量按照《排版源统计调查制度》（国统制〔2024〕11 号）确定。城镇生活污水污染物按照城市、县城及建制镇建成区两个部分分别核算后加和得到；城镇生活污水污染物排放量分为未进入污水处理厂直接排放的生活污水中的污染物排放量和经污水处理厂处理后的生活污水中污染物排放量两个部分核算；未进入污水处理厂的生活污水水量和经污水处理厂处理的生活污水水量根据生活污水集中收集率计算；未进入污水处理厂的生活污水中的污染物排放量根据水量和生活污水污染物产生系数计算；经污水处理厂处理后的生活污水中的污染物排放量根据水量和污水处理厂出口污染物加权平均浓度计算。

2022—2024 年度，农村生活污水污染物排放量核算方法保持不变，即农村生活污水污染物排放量由污染物产生量扣减经污水处理设施处理生活污水去除的污染物量计算，污染物产生量根据人口和人均产污强度计算；经污水处理设施处理生活污水去除的污染物量根据污染物产生量、对生活污水进行治理管控的行政村比例以及污染物综合去除率计算。

生活及其他废气污染物排放量　指调查年度内除工业重点调查单位以外的能源（煤炭和天然气）消费过程排入大气的二氧化硫、氮氧化物、颗粒物和挥发性有机物污染物的质量，以及部分生活活动（建筑装饰、餐饮油烟、家庭日化用品、干洗和汽车修补）过程排放的挥发性有机物的质量。

14.4　集中式污染治理设施

14.4.1　污水处理厂

污水处理厂包括城镇污水处理厂、工业废水集中处理厂、农村集中式污水处理设施和其他污水处理设施。

城镇污水处理厂　指对进入城镇污水收集系统的污水进行净化处理的污水处理厂。城镇污水指城镇居民生活污水，机关、学校、医院、商业服务机构及各种公共设施排水，以及允许排入城镇污水收集系统的工业废水和初期雨水。

工业废水集中处理厂　指提供社会化有偿服务，专门从事为工业园区、连片工业企业或周边企业处理工业废水（包括一并处理周边地区生活污水）的集中设施或独立运营的单位，不包括企业内部的污水处理设施。

农村集中式污水处理设施　指乡、村通过管道、沟渠将乡建成区或全村污水进行集中收集后统一处理的污水处理设施或处理厂。

其他污水处理设施　指对不能纳入城市污水收集系统的居民区、风景旅游区、度假村、疗养院、机场、铁路车站以及其他人群聚集地排放的污水进行就地集中处理的设施。

污水设计处理能力 指截至调查年度末调查对象设计建设的污水日处理规模。

运行费用 指调查年度内维持污水处理厂（或处理设施）正常运行所产生的费用。包括能源消耗、设备维修、人员工资、管理费、药剂费及与污水处理厂（或处理设施）运行有关的其他费用等，不包括设备折旧费。

累计完成投资 指截至调查年末调查对象建设实际完成的累计投资额，不包括运行费用。

新增固定资产 指调查年度内交付使用的固定资产价值。对于新建污水处理厂，本年新增固定资产投资等于总投资；对于改建、扩建污水处理厂，本年新增固定资产投资仅指调查年度内交付使用的改建、扩建部分的固定资产投资，属于累计完成投资的一部分。

污水实际处理量 指调查对象调查年度内实际处理的污水总量。

再生水利用量 指城市污水经过污水处理厂（或就地型生活污水处理装置）净化处理，达到再生水水质标准要求，并用于城市杂用（冲厕、道路清扫、消防、城市绿化、车辆冲洗、建筑施工等非饮用水）、工业、景观环境（含补充水源用水）、绿地灌溉、农业灌溉等方面的水。

污泥产生量 指调查年度内在整个污水处理过程中最终产生污泥的质量，以湿污泥量计（压滤后）。污泥指污水处理厂（或处理设施）在进行污水处理过程中分离出来的产物。

污泥处置量 指调查年度内采用土地利用、填埋、建筑材料利用和焚烧等方法对污泥最终消纳处置的质量。其中，土地利用量指将处理后符合相关要求的污泥产物作为肥料或土壤改良材料，用于园林、绿化或农业等场合的处置方式处置的污泥量；填埋处置量指采取工程措施将处理后的污泥集中堆、填、埋于场地内的安全处置方式处置的污泥量；建筑材料利用量指将处理后的污泥作为制作建筑材料的部分原料的处置方式处置的污泥量；焚烧处置量指利用焚烧炉使污泥完全矿化为少量灰烬的处置方式处置的污泥量。

14.4.2 生活垃圾处理场（厂）

生活垃圾处理场（厂）包括生活垃圾填埋场（厂）、堆肥场（厂）、焚烧场（厂）和其他方式处理生活垃圾的处理场（厂）。不包括垃圾焚烧发电厂，水泥窑协同处置生活垃圾的企业。

运行费用 指调查年度内维持垃圾处理场（厂）正常运行所产生的费用，包括能源消耗、设备维修、人员工资、管理费及与垃圾处理场（厂）运行有关的其他费用等，不包括设备折旧费。

新增固定资产 指调查年度内交付使用的固定资产价值。对于新建垃圾处理场（厂），本年新增固定资产投资等于总投资；对于改建、扩建垃圾处理场（厂），本年新增固定资产投资仅指调查年度内交付使用的改建、扩建部分的固定资产投资，属于累计完成投资的一部分。

渗滤液中污染物排放量 指调查年度内排放的渗滤液中所含的化学需氧量、总氮、氨氮、总磷等污染物本身的质量。

生活垃圾焚烧废气中污染物排放量 指调查年度内生活垃圾焚烧过程中排放到大气中的废气中所含的二氧化硫、氮氧化物、颗粒物等污染物的质量。

14.4.3　危险废物（医疗废物）集中处理厂

危险废物（医疗废物）集中处理厂包括危险废物集中处理厂、（单独）医疗废物处置厂和协同处置危险废物的企业。

危险废物集中处理厂　指提供社会化有偿服务，将工业企业、事业单位、第三产业或居民生活产生的危险废物集中起来进行焚烧、填埋等处置或综合利用的场所或单位，不包括企业内部自建自用且不提供社会化有偿服务的危险废物处理装置。

医疗废物集中处置厂　指将医疗废物集中起来进行处置的场所，不包括医院自建自用且不提供社会化有偿服务的医疗废物处理设施，但具有危险废物经营许可证的医院纳入调查。

其他企业协同处置　指企事业单位在从事生产过程的同时还接受社会其他单位委托，利用其设施处理危险废物。

运行费用　指调查年度内维持危险废物集中处理厂正常运行所产生的费用，包括能源消耗、设备维修、人员工资、管理费及与危险废物集中处理厂运行有关的其他费用等，不包括设备折旧费。

累计完成投资　指截至调查年末调查对象建设实际完成的累计投资额，不包括运行费用。

新增固定资产　指调查年度内交付使用的固定资产价值。对于新建危险废物（医疗废物）集中处理厂，本年新增固定资产投资等于总投资；对于改建、扩建危险废物（医疗废物）集中处理厂，本年新增固定资产投资仅指调查年度内交付使用的改建、扩建部分的固定资产投资，属于累计完成投资的一部分。

危险废物处置量　指调查年度内将危险废物焚烧和用其他改变危险废物的物理、化学、生物特性的方法，达到减少已产生的危险废物数量、缩小危险废物体积、减少或者消除其危险成分的活动，或者将危险废物最终置于符合环境保护规定要求的填埋场的活动中，所消纳危险废物的量，包括工业危险废物处置量和第三产业、居民生活产生的危险废物的处置量。

医疗废物处置量　指调查年度内采用各种方式处置的医疗废物的总量。

危险废物综合利用量　指调查年度内以综合利用方式处理的危险废物的量。

危险废物焚烧废气中污染物排放量　指调查年度内危险废物焚烧过程中排放到大气中的废气（包括处理过的、未经过处理的）中所含的二氧化硫、氮氧化物、颗粒物等污染物的质量。

14.5　移动源

机动车　指以动力装置驱动或者牵引，上道路行驶的供人员乘用或者用于运送物品以及进行工程专项作业的轮式车辆。

移动源废气污染物排放量　指调查年度内机动车行驶、非道路移动机械（工程机械）行驶、储油库、沥青道路铺装过程排入大气的氮氧化物、颗粒物和挥发性有机物的质量。

14.6 化学物质环境信息

全氟辛酸及其相关化合物的定义和范围依照《关于持久性有机污染物的斯德哥尔摩公约》及其修正案（中文版）中的规定。汞的定义和范围依照《关于汞的水俣公约》（中文版）中的规定。

14.7 生态环境管理

微信举报数 指调查年度内本级生态环境部门通过微信受理的所有群众举报件数。包括已受理但未办结的举报件，但不包含非本统计年受理而在本统计年内办理或办结的举报件。

网络举报数 指调查年度内本级生态环境部门通过网络平台受理的所有群众举报件数。包括已受理但未办结的举报件，但不包含非本统计年受理而在本统计年内办理或办结的举报件。

来信数、来访数 指调查年度内信访件办理部门（单位）已办理完成的数量，即对信访件交办单位或信访人已有回复意见的信访件数量。承办上级交办的信访件不统计，一次提出多个问题的信访件必须所有问题全部回复方可统计为已办结数。

海洋石油勘探开发污染物排放入海情况中：

生产水 指海上钻井平台、油气生产设施等在生产、勘探过程中产生的废水。

泥浆 指钻井泥浆，用于石油勘探开发钻井过程中润滑和冷却钻头、平衡地层压力和稳定井壁，由水或油、黏土、化学处理剂及一些惰性物质组成的混合物。

钻屑 指在钻井过程中，钻头在地层研磨、切削破碎后，由钻井液从井内带至地面的岩石碎块。

机舱污水 指施工船舶在海洋石油勘探作业航行过程中所产生的废水（包含燃料油、润滑油等残留污水）。

食品废弃物 指可食用物在烹煮前食材物料处理所剩，或食用后所剩之统称。

生活污水 指海上钻井平台、油气生产设施区内厨房、洗手间排放的含有洗涤剂的污水，厕所排出的含粪、尿的污水以及医疗室排出的废水。

当年建设项目环境影响评价文件审批数 指调查年度内批复的建设项目环境影响报告书和环境影响报告表数量，包含非本年度受理但在本年度批复的项目数量。

当年建设项目环境影响登记表备案数 指调查年度内备案的建设项目环境影响登记表数量。

当年审批的建设项目投资总额 指调查年度内批复环评文件的建设项目投资总额，包含非本年度受理但在本年度批复环评文件的项目。

当年审批的建设项目环保投资总额 指调查年度内批复环评文件的建设项目环保投资总额，包含非本年度受理但在本年度批复环评文件的项目。

环境监测用房面积 指开展环境监测工作所需的实验室用房、监测业务用房、监测站房等面积，包括租赁用房。

环境监测业务经费 指各级生态环境部门环境监测业务经费保障情况。

国控环境空气质量监测点位数 指位于本辖区、由国家批准纳入国家城市环境空气质量监测网络的空气监测点位数。

国控地表水水质监测断面（点位）数 指位于本辖区、由国家组织实施监测的，为反映水体水质状况而设置的监测断面（点位）数。

开展声环境质量监测的点位数 指区域声环境质量、道路交通声环境、功能区声环境质量监测点位数的总和。

其中：

区域声环境质量监测点位数 指为评价城市环境噪声总体水平而布设的、本级承担监测任务的监测点位数。

道路交通声环境监测点位数 指为评价城市道路交通噪声源总体水平而布设的、本级承担监测任务的监测点位数。

功能区声环境质量监测点位数 指为评价声环境功能区昼、夜间达标情况而布设的、本级承担监测任务的监测点位数。

已实施自动监控的重点排污单位数 指根据污染源自动监控工作进展情况，至调查年度末已经实现自动监控的重点排污单位数。

废水排放口数 指已实施自动监控的重点排污单位中实施自动监控的废水排放口数。

废气排放口数 指已实施自动监控的重点排污单位中实施自动监控的废气排放口数。

已实施自动监控的重点排污单位中监控设备与生态环境部门稳定联网数 指已实施自动监控的重点排污单位中，其化学需氧量（COD）、氨氮（NH_3-N）、二氧化硫（SO_2）、氮氧化物（NO_x）、烟尘自动监控设备正常运行、自动监控数据（浓度和排放量）能通过数据采集与传输设备与生态环境部门稳定联网报送的企业数。

纳入检查对象名录库的企业（单位）数 指调查年度内生态环境部门按照《关于在污染源日常环境监管领域推广随机抽查制度的实施方案》要求，列入污染源日常监管动态信息库的排污单位数量。

随机抽查企业（单位）数 指调查年度内生态环境部门按照《关于在污染源日常环境监管领域推广随机抽查制度的实施方案》要求，在日常监管中随机抽查污染源的数量。

罚款金额 指调查年度内生态环境部门罚款的总额。

举办环境执法岗位培训班期数 指调查年度内生态环境部门举办环境执法岗位培训班期数。

环境执法岗位培训人数 指调查年度内参加环境执法岗位培训并考核通过的人数。

举办其他环境执法业务培训期数 指调查年度内环境执法机构组织的除岗位培训外的其他业务培训班期数。

环境执法其他业务培训人数 指调查年度内环境执法机构举办的其他业务培训的参加人数。

突发环境事件数量 指调查年度内本级生态环境部门处置的所有突发环境事件数。包括已处置但未办结的突发环境事件，但不包含非本统计年发生而在本统计年内处置或办结的突发环境事件。